最簡單易懂的

EASY HANDMADE BOOKS

U0050733

刺繡基礎全書

| リトルバード ◎ 著 |

目次

Basic Stitch

正式開始刺繡前………P.4

法式刺繡的基礎………P.12

針法介紹………P.12

＊刺繡之樂　**書套**………P.18

＊刺繡之樂　**茶壺保溫罩＆茶墊**………P.19

＊刺繡之樂　**刺繡框畫**………P.30

＊刺繡之樂　**手帕**………P.31

＊刺繡之樂　**午餐袋＆水壺袋**………P.45

＊刺繡之樂　**隨身小束口袋**………P.51

Yuzuko的刺繡插圖………P.54

Cross Stitch

十字繡的基礎………P.60

針法介紹………P.62

＊刺繡之樂　**卡片**………P.65

Stumpwork

立體浮雕刺繡的基礎………P.78

針法介紹………P.78

Ribbon Stitch

緞帶刺繡的基礎………P.84

針法介紹………P.85

＊刺繡之樂　**針插**………P.94

手作小課堂　貼布縫的基礎作法………P.95

Beads Stitch

串珠刺繡的基礎………P.96

串珠的固定方式………P.98

＊刺繡之樂　**手拿包**………P.102

INDEX………P.110

正式開始刺繡前

本書中介紹了刺繡時經常會應用到的法式刺繡、十字繡、立體浮雕刺繡、緞帶刺繡，以及串珠刺繡的基礎技法。下面整理了刺繡時應準備的材料、用具、繡線的種類，以及繡針該如何選擇等等資訊，在正式開始刺繡前請先詳加閱讀。

關於繡線

繡線依據刺繡的布、用途、適合的針法有許多不同種類，但一般最常使用的是 25 號繡線。它是由 6 股細線捻成一束的棉線，色彩選擇相當豐富。知名廠牌有 Anchor、Olympus、Cosmo、DMC 等等，各家的色彩變化也有其不同。Gradation 系列的線是將一條線分段染色，因此一條線可以不中斷就有自然的色彩變化，感覺就像使用了多種顏色一般，非常有趣。

線的粗細以 25 號、8 號、5 號等數字標記，數字越小的越粗。線的長度會隨粗細有所不同，25 號線長約 8 米，5 號線則有 25 米。請依圖案及作品選擇適合的繡線。

25號

5號

8號　12號

Gradation系列　DMC Color Variation（25號）

Satin系列　（25號）

COTON A BRODER　（16、20、25、30號）

Light Effect　（25號）

Tapestry Wool 羊毛繡線　（4號）

Diamant金屬刺繡線

3股的粗細與25號線1股相同

【繡線的粗細】　（實物大小）

25號線・6股

25號線・1股

5號線・1股

8號線・1股

12號線・1股

粗細

色號 —— 3733

【標籤的讀法】

線上黏貼的標籤有線的粗細號碼以及色號。上面的號碼代表粗細，下面的號碼則是色號。

為了避免遺失色號，刺繡取線時標籤也不要拿下，繡線不足時就不用因為遺失這些資訊而慌張了。

關於繡針

刺繡用針的針孔比一般的縫針要大，較方便穿線。針的粗細、長度、針孔大小等等種類相當豐富，請依據繡線的粗細及用途進行選擇。

進行沒有辦法數算布目的法式刺繡時，應使用針端尖銳的針。製作可以數算布目的十字繡時，則應使用尖端鈍圓的針，避免破壞縫布。

十字繡針

進行串珠刺繡時，需使用可以通過串珠孔的細針。再依據用途來選擇針的長度及粗細。

此外，能穿過串珠孔的日本 1 寸 3 分的 4 號手縫針「四之三」也可以拿來運用。

進行緞帶刺繡時，則應使用針孔較大的緞帶刺繡專用針，或是 Chenille 針。針的長度數字越小代表越長，越大則越短。

串珠刺繡針　　　手縫針四之三

緞帶刺繡針　Chenille 縫針　Tapestry 縫針

法式刺繡針

（實物大小）

No.3　4　5　6　7　8　9　10

針的選用參考（法式刺繡針）

針號	25 號刺繡線	布的厚度
3號	6股以上	厚
4號	5～6股	厚
5號	4～5股	中
6號	3～4股	中
7號	2～3股	薄
8號	1～2股	薄
9號	1股	薄
10號	1股	薄

※針號依據 Clover 可樂牌刺繡針　※5 號刺繡線建議使用 3、4 號針

針的差異

法式刺繡針的針尖鋒銳，十字繡針則鈍圓，以方便識別。Chenille 縫針及 Tapestry 縫針尖端鋒銳，針孔幅度寬大，緞帶或毛線都容易穿過。

法式刺繡針

十字繡針

Chenille 縫針

※針提供／Clover 可樂牌、DMC　5

關於布

刺繡可以繡縫在各種不同的布上，請依據針法、設計、用途來選擇適合的布。

＊刺繡布的種類

適合進行自由刺繡，不需計算布目的布

從薄的苧麻布，厚度中等的中棉布，到厚的粗麻布都有。另外，也有布紋緻密以及布質粗糙的。材質有棉、麻及混紡等等，但比起麻料材質，棉布上的作品會感覺質地更高雅。

有方眼，適合刺繡時需數算布目的布

製作十字繡、大型刺繡創作等帆布上刺繡時使用。本書中標記的格數顯示了布目的大小，並且標示出 10cm 平方的布塊上會有多少目數。布料的目數依廠牌不同也會有差異，而目數越多越密，成品的圖案也會越細緻（請參照 p.61）。

中棉布 / **苧麻布**

（麻）　（麻）

Java Cloth（中格） / **Java Cloth（細格）**

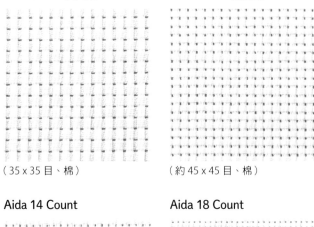

（35 x 35 目、棉）　（約 45 x 45 目、棉）

粗麻布 / **Olympus 純棉布**

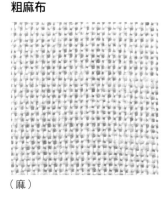 

（麻）　（棉）

Aida 14 Count / **Aida 18 Count**

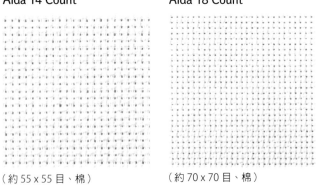

（約 55 x 55 目、棉）　（約 70 x 70 目、棉）

Congress / **Indian Cloth**

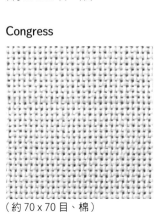 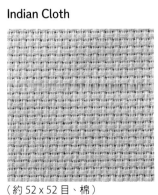

（約 70 x 70 目、棉）　（約 52 x 52 目、棉）

刺繡相關用具

下面整理了刺繡前摹寫圖案及刺繡時的必備用具，以及有了會更方便的各種小道具。
手邊被各種方便的用具包圍時，刺繡時光會更加愉快。

手工藝專用複寫紙及玻璃紙

將描圖紙上的圖案描摹到布料上時使用。有藍色、粉紅、灰色等不同顏色，可以依據布料顏色選擇顏色對比大的複寫紙。這種紙一面有塗粉，用水就能清除，使用起來非常方便。

刺繡框

有多種尺寸大小，直徑 10~12cm 的使用起來最順手。圖案較大時，可以繡完一部分再一點一點移動範圍繼續刺繡。

鐵筆

將玻璃紙疊在描圖紙上（描圖紙下層有複寫紙），把圖案描摹移轉到布料上時使用，也可用沒有墨水的原子筆代替。

水消筆

在布料上描摹圖案，或描畫繡線方向時使用。

珠針

將圖案描摹到布料上時用於固定使其不跑位。

布剪

剪布時使用。

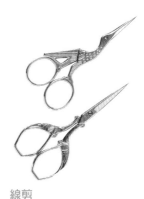

線剪

請準備鋒利且末端尖銳的剪刀。

※ 其他還需準備描圖紙及鉛筆，方便描摹圖案時使用。

有了會更方便的用具

磁式吸針盒

盒子內有磁性，用來收納繡針很方便。

（Clover 可樂牌）

（DMC）

穿線器

穿線時先將穿線器穿過針孔，夾住縫線後再往回拉，穿線作業就簡單完成了。

切線器

吊飾造型的切線器。可以裝在鏈子或緞帶上，像飾品一樣可隨身攜帶來進行刺繡。

水溶性紙襯

在不容易計算布目的麻布上進行刺繡時，可以在正面貼上這種水溶性紙襯。紙上印有網格，十字繡完成以後只要水洗就能去除。

繽紛刺繡框

SABAE Premium Hoop

有各種美麗的花色，也適合用於室內裝飾的刺繡框。與日本鯖江知名職人手作眼鏡框使用同樣材質製作。

整線器

SABAE Horse Head Organizer

收納繡線的小道具。繡線可穿過馬鬃上的洞後綁緊來收納整理。

刺繡的事前準備

隨用途不同，布料的準備方式也各有不同，但原則上開始刺繡前，布料最好都先水洗過一次，讓布目方向整齊統一。布料剪好所需大小後，為了預防鬚邊，可用線將布邊捲縫起來。多這一道手續，刺繡過程中布邊不容易脫線，繡線也比較不容易打結，可以讓刺繡過程更順利。開始刺繡前可以由背面噴些水霧後熨燙，讓布目方向整齊統一。

圖案的複寫方式

用鉛筆將圖案描摹在描圖紙上時，請準備手工藝專用複寫紙、玻璃紙以及珠針。

描畫細線時，如果有筆尖可削細的粉土筆會更方便。手工藝專用複寫紙以及粉土筆，皆請準備用水就能去除的水溶性產品。把已有圖案的描圖紙疊在布料上，將兩者用珠針固定起來。手工藝專用複寫紙有顏色的一面要朝下，夾在圖案與布料之間。然後在描圖紙上疊上玻璃紙，用鐵筆來描摹，將圖案移轉到布料上。

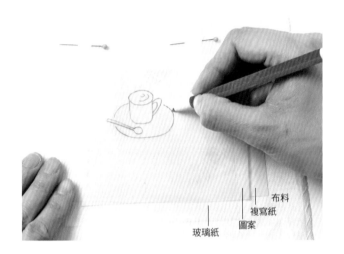

布料
複寫紙
圖案
玻璃紙

刺繡框的使用方式

刺繡框請依據想要製作的刺繡面積大小來選擇。一般來說 10~12cm 尺寸的刺繡框是最容易使用的。想要製作桌布或抱枕一類較大面積的刺繡時，要一點一點地慢慢移動刺繡框，避免摩擦到已經完成的刺繡。已經繡有刺繡的部分如果被刺繡框壓住，好不容易完成的部分會因為摩擦而產生細毛。若要避免細毛，可用布或薄紙蓋在已繡處後再繃框。刺繡時也可以不使用刺繡框，但使用刺繡框可以把布面拉緊，避免繡線糾纏，讓刺繡作業進行更順利。

1 鬆開外框上的螺絲取下內框，將刺繡布疊在內框上。將圖案位置調整到正中央後，由布料上方闔上外框。

2 鎖緊螺絲的同時一邊拉緊布面。

繡線的使用方式

∗繡線的取用方式

使用 25 號繡線時，請由線束的一端抽出一條線，剪下 70~80cm 的長度。這時不要取下標籤比較不會讓線糾纏在一起。保留標籤也比較不容易搞錯色號，線不足時也方便購買填補不會混亂。

∗如何分線

一條 25 號繡線由 6 股細線捻成。在介紹刺繡圖案作法的頁面裡標示的「3 股線」，指的就是所需使用的細線股數。使用時將線由剪下的長度中一股一股地抽出，再將所需的股數合在一起使用。需要 3 股線時，如果只是將一條線分成一半就使用，線會彼此糾結，繡出來的成品也不會漂亮。即使所需使用的股數是 6 股，也一定要一股一股的分開後再合併使用，這是繡出漂亮圖案的訣竅。

1 由標籤上方抽出一條，剪下 70~80cm。

2 拿著一端，將細線一股一股的抽出。

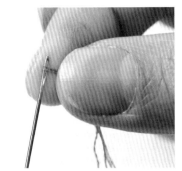

3 將所需股數合在一起，用刺繡針的針孔部分將線對折，以指尖的部位壓住，讓線出現壓痕。

4 將線穿過針孔。

5 拉線，穿針完成。

∗絞線型繡線的取用方式

1 5 號一類絞線型的繡線，則必須先將標籤取下，將扭轉處全部打直後形成圈狀，然後在連接處將圈狀線束剪開。

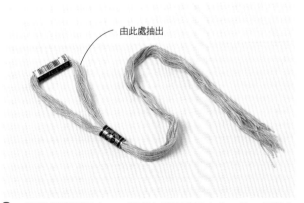

由此處抽出

2 再將標籤套回去。一個套在線束的正中央，另一個將上下兩端都套進去，這樣一來使用到最後線束都不容易變亂，非常方便使用。

＊球形及線卷狀繡線的
　　取用方法

8及12號金屬光澤系列一類有線卷的繡線，使用時直接由外側拉出線頭取用。

＊穿線器的使用方法

穿線時股數較多或線的尖端難以辨識時，使用穿線器會很方便。

1　將穿線器尖端穿過針孔，接著將所需使用的繡線股數穿過穿線器尖端的框內。

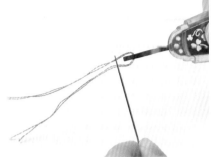

2　穿線器往回一拉，穿線便完成了。

開始刺繡

開始刺繡時，先將線打結然後保留棄線後起針，就可以正式開始刺繡了。所謂保留棄線，指的是為了能夠由背面漂亮的收針，把線預留，將打結處剪去，將線拉到背面進行收針的動作。

若只將線打結就開始刺繡，刺繡過程中背面的線可能會糾結形成凹凸，成品就不漂亮了。

＊開始刺繡　打結及保留棄線的方法

1　左手拿針，邊用左手食指壓住線，邊用右手將線在針上纏繞 2~3 圈。

2　纏繞好的線用左手拇指及食指夾住，然後將針抽出。

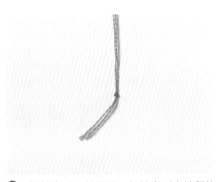

3　打結完成後的樣子。打結處到末端留約1cm，多餘的請剪掉。

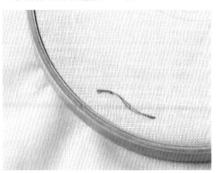

4　在稍微遠離要刺繡的部位由正面入針。打結處須離圖案約 7~8cm。

5　繡幾針之後，將打結處剪掉，將線拉到背面。

結束刺繡

刺繡完成後,將剩下的線反覆地纏進背面的繡線中,直到不會脫落後,將線頭剪掉使完成了。
進行十字繡時,背後的線同樣要反覆纏進渡線(刺繡背面的線稱為渡線)後,再剪掉線頭。

＊面狀圖案的收針

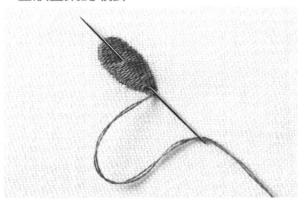 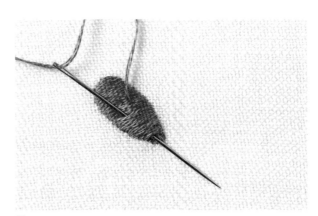

1 刺繡完成後翻到背面,由刺繡完成的位置稍微裡面一點的地方入針,以撈取的方式出針,將線藏進背面的渡線下方。這時為了不影響正面的圖案,不可戳刺到布面,而只是將線藏進渡線下。

2 稍微錯開位置往刺繡結束的方向,再次以撈取的方式入針再出針,然後將線頭剪掉。
※ 圖案面積大時,可以再反覆此動作 1~2 次。

＊線狀圖案的收針

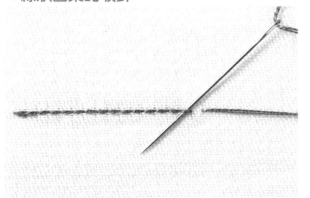 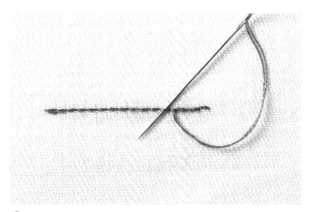

1 刺繡完成後入針到背面,然後將針尖穿過渡線下方。

2 螺旋狀反覆將線穿過渡線下方約 2~3cm 後,剪去線頭。

最後的修飾

刺繡完成之後,請先看看有沒有遺漏的部分。然後翻到背面確認線是否都收整好了。好不容易完成的刺繡,為了避免線鬆脫,確實將線頭收整好是做出漂亮成品的不二法門。最後要用熨斗燙整一下。熨燙不是為了去除布料上的皺褶,而是為了要消除殘留在布上的底稿痕跡。

在燙台上鋪一層毛巾,再鋪上一塊薄的白布。將刺繡正面朝下擺放於其上,燙整過程中注意不要破壞了刺繡面。由背面熨燙可以讓刺繡面受到毛巾與薄布保護。

底稿殘留的線,可以噴上水霧來去除。除不乾淨時,可以用棉花棒沾水,以輕敲的方式來去除。注意不要過度摩擦而使細毛產生。

法式刺繡的基礎

下面介紹刺繡的基礎針法。這些針法在立體浮雕刺繡、緞帶刺繡及串珠刺繡時也可能會用到。初學者可以在參照完p.4~11的說明後，由本頁的針法開始練習看看。

布提供／越前屋　線材提供／DMC

【針法介紹】

Straight Stitch
直針繡

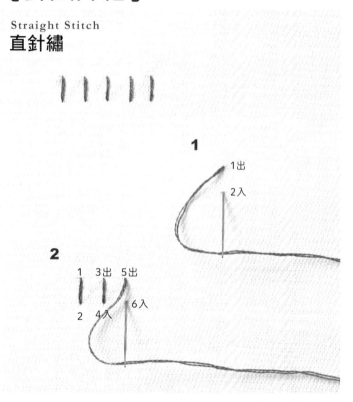

1
1出
2入

2
1 3出 5出
2 4入 6入

Running Stitch
平針繡

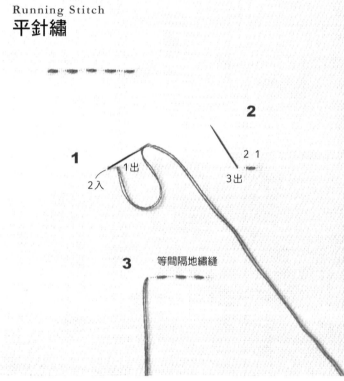

1
1出
2入

2
2 1
3出

3 等間隔地繡縫

Back Stitch
回針繡

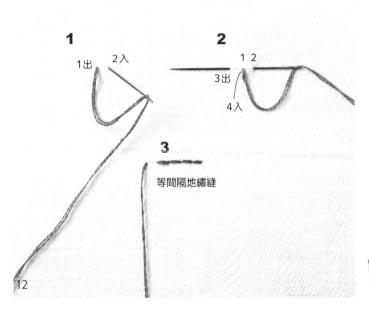

1
1出 2入

2
1 2
3出
4入

3
等間隔地繡縫

Outline Stitch
輪廓繡

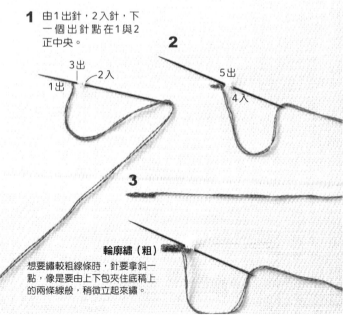

1 由1出針，2入針，下一個出針點在1與2正中央。

3出
1出 2入

2
5出
4入

3

輪廓繡（粗）
想要繡較粗線條時，針要拿斜一點，像是要由上下包夾住底稿上的兩條線般，稍微立起來繡。

12

Couching Stitch
釘線繡

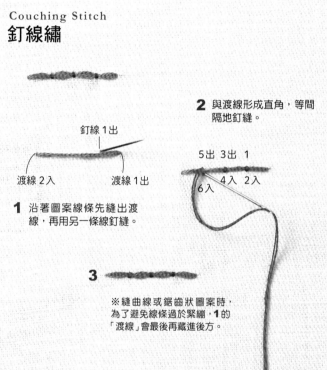

2 與渡線形成直角，等間隔地釘縫。

釘線 1出

渡線 2入　　　　渡線 1出

5出 3出 1
6入　4入　2入

1 沿著圖案線條先縫出渡線，再用另一條線釘縫。

3

※縫曲線或鋸齒狀圖案時，為了避免線條過於緊繃，**1**的「渡線」會最後再藏進後方。

Coral Stitch
珊瑚繡

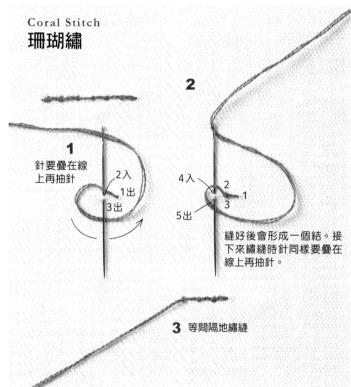

2

1 針要疊在線上再抽針

2入
1出
3出

4入
2
1
3
5出

縫好後會形成一個結。接下來繡縫時針同樣要疊在線上再抽針。

3 等間隔地繡縫

Zigzag Stitch
鋸齒繡

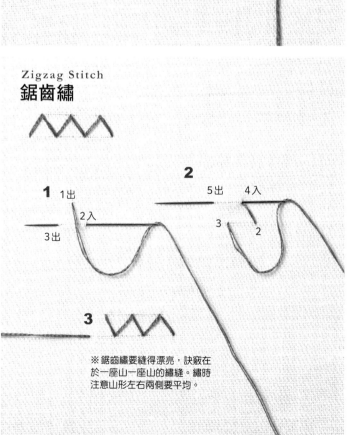

1 1出
2入
3出

2 5出　4入
3
2

3

※鋸齒繡要縫得漂亮，訣竅在於一座山一座山的繡縫。繡時注意山形左右兩側要平均。

Fly Stitch
飛鳥繡

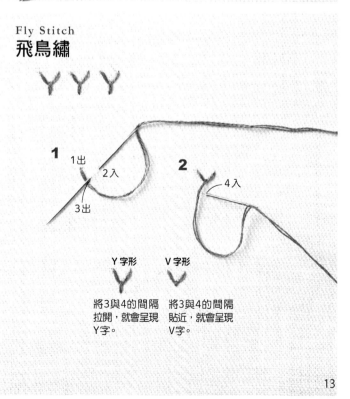

1 1出
2入
3出

2
4入

Y字形　V字形

將3與4的間隔拉開，就會呈現Y字。　將3與4的間隔貼近，就會呈現V字。

Feather Stitch
羽毛繡

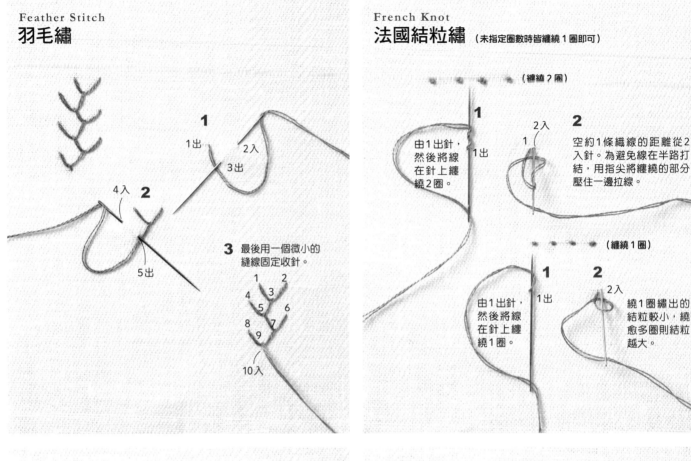

1

1出
2入
3出
4入 **2**
5出

3 最後用一個微小的
縫線固定收針。

1 　 2
4 　 3
　5　 6
8 　 7
　9
10入

French Knot
法國結粒繡 （未指定圈數時皆纏繞1圈即可）

（纏繞2圈）

1
1出

由1出針，
然後將線
在針上纏
繞2圈。

2入 **2**
1

空約1條織線的距離從2
入針。為避免線在半路打
結，用指尖將纏繞的部分
壓住一邊拉線。

（纏繞1圈）

1 **2**
1出
2入

由1出針，
然後將線
在針上纏
繞1圈。

繞1圈繡出的
結粒較小，繞
愈多圈則結粒
越大。

Lazy daisy Stitch
雛菊繡

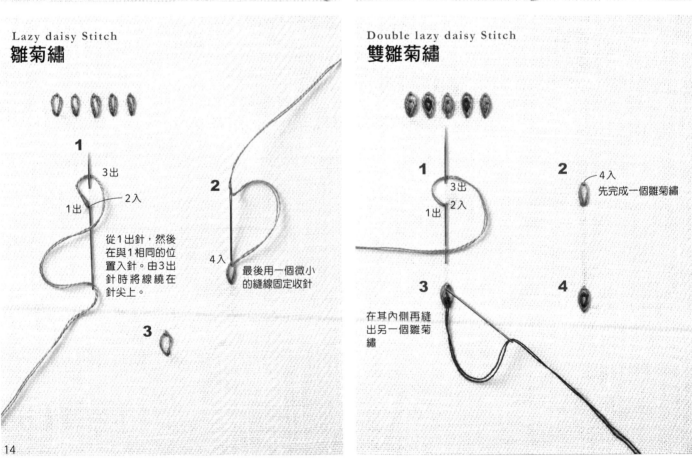

1
3出
2入
1出

從1出針，然後
在與1相同的位
置入針。由3出
針時將線繞在
針尖上。

2
4入

最後用一個微小
的縫線固定收針

3

Double lazy daisy Stitch
雙雛菊繡

1
3出
1出 2入

2
4入
先完成一個雛菊繡

3

在其內側再縫
出另一個雛菊
繡

4

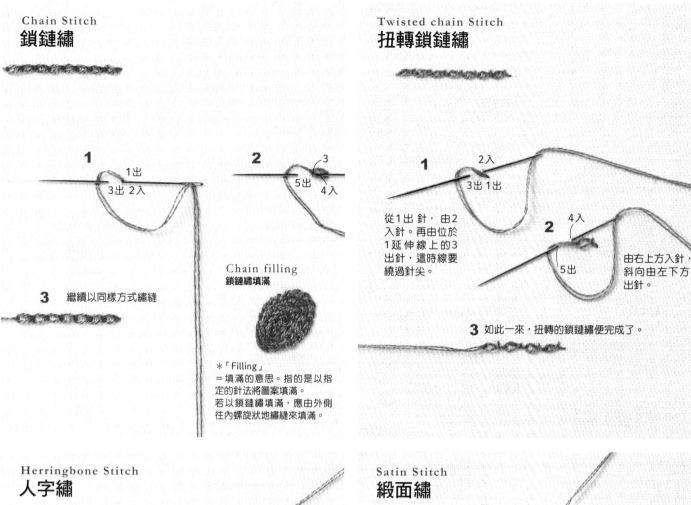

Chain Stitch
鎖鏈繡

1
1出
3出 2入

2
3
5出 4入

3 繼續以同樣方式繡縫

Chain filling
鎖鏈繡填滿

＊「Filling」
＝填滿的意思。指的是以指定的針法將圖案填滿。
若以鎖鏈繡填滿，應由外側往內螺旋狀地繡縫來填滿。

Twisted chain Stitch
扭轉鎖鏈繡

1
2入
3出 1出

從1出針，由2入針。再由位於1延伸線上的3出針，這時線要繞過針尖。

2
4入
5出

由右上方入針，斜向由左下方出針。

3 如此一來，扭轉的鎖鏈繡便完成了。

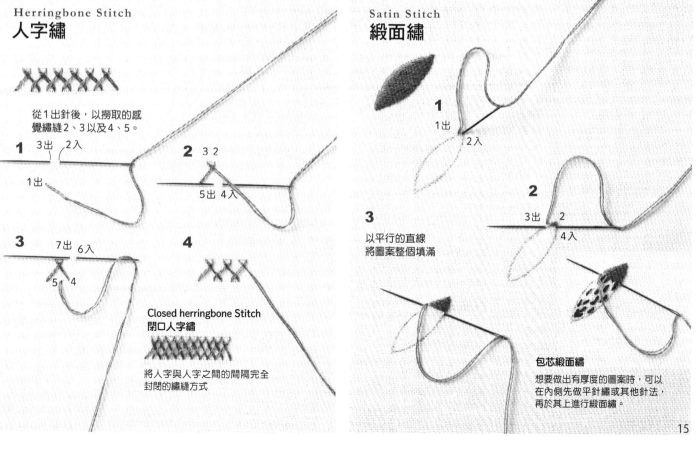

Herringbone Stitch
人字繡

從1出針後，以撈取的感覺繡縫2、3以及4、5。

1
3出 2入
1出

2
3 2
5出 4入

3
7出 6入
5 4

4

Closed herringbone Stitch
閉口人字繡

將人字與人字之間的間隔完全封閉的繡縫方式

Satin Stitch
緞面繡

1
1出
2入

2
3出 2
4入

3
以平行的直線將圖案整個填滿

包芯緞面繡

想要做出有厚度的圖案時，可以在內側先做平針繡或其他針法，再於其上進行緞面繡。

Bullion Stitch
捲線繡

1
3出　1出
2入

2
3
2

將線在針上纏繞數圈。抽針時指尖要壓住線圈。

3
3
2
4入

在2的旁邊位置入針

Bullion rose Stitch
玫瑰捲線繡

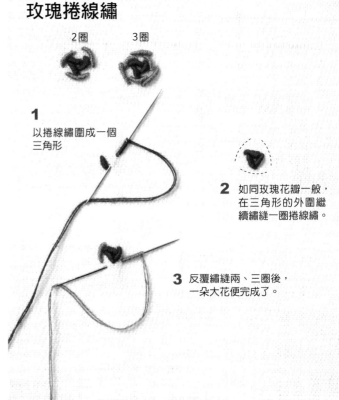

2圈　　3圈

1 以捲線繡圍成一個三角形

2 如同玫瑰花瓣一般，在三角形的外圍繼續繡縫一圈捲線繡。

3 反覆繡縫兩、三圈後，一朵大花便完成了。

Bullion daisy Stitch
雛菊捲線繡

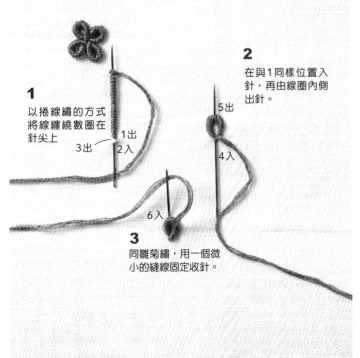

1 以捲線繡的方式將線纏繞數圈在針尖上
1出
3出
2入

2 在與1同樣位置入針，再由線圈內側出針。
5出
4入

3 同雛菊繡，用一個微小的縫線固定收針。
6入

Long and short Stitch
長短針繡

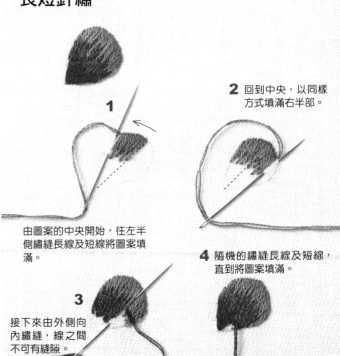

1 由圖案的中央開始，往左半側繡縫長線及短線將圖案填滿。

2 回到中央，以同樣方式填滿右半部。

3 接下來由外側向內繡縫，線之間不可有縫隙。

4 隨機的繡縫長線及短線，直到將圖案填滿。

Leaf Stitch
葉形繡

1
3出　1出
2入

2
5出
4入

3
7出
6入

4
9出
8入

5

包夾著葉脈，交替著以撈取的方式往左右出針繡縫，中央的凹陷便能自然形成。

Spider web rose Stitch
蛛網玫瑰繡

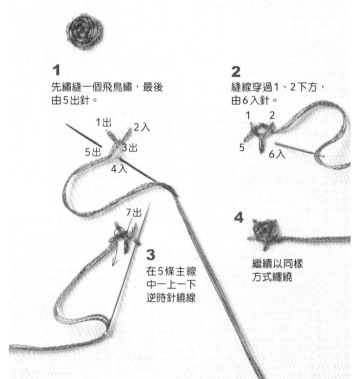

1
先繡縫一個飛鳥繡，最後由5出針。

1出　2入
5出　3出
4入

7出

3
在5條主線中一上一下逆時針繞線

2
縫線穿過1、2下方，由6入針。

1　2
5
6入

4
繼續以同樣方式纏繞

Wheel Stitch
車輪繡

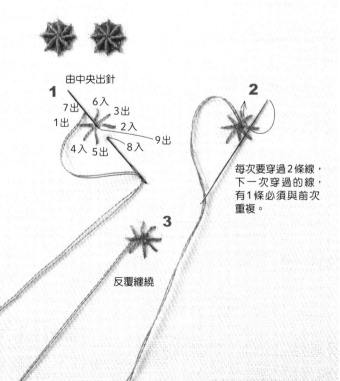

由中央出針

1
7入　6入　3出
1出　2入
4入　5出　8入　9出

2
每次要穿過2條線，下一次穿過的線，有1條必須與前次重複。

3
反覆纏繞

Buttonhole Stitch
鈕眼繡

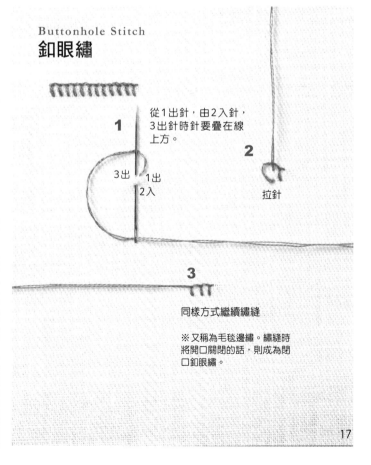

1
從1出針，由2入針，3出針時針要疊在線上方。

3出　1出
2入

2
拉針

3
同樣方式繼續繡縫

※又稱為毛毯邊繡。繡縫時將開口關閉的話，則成為閉口鈕眼繡。

＊刺繡之樂＊

書套

在樸實的麻布上繡上喜歡的花草圖案。
貼上布襯做出厚度，背面的作法也非常簡單。

設計…オノエ・メグミ（ONOE MEGUMI）
作法…p.20
刺繡圖案請參照p.24

刺繡之樂

茶壺保溫罩＆茶墊

想不想有一套縫有刺繡的喝茶用具，為美好的午茶
時光更增添華麗風采呢？
成套的茶墊四周也各繡了一朵薰衣草。

設計…オノエ・メグミ（ONOE MEGUMI）
作法…p.21
刺繡的圖案請參照p.25

書套…照片 p.18

材料

麻布　米色 41cm x 18cm

布襯　41cm x 18cm

羅紋織帶　1.5cm 寬 x 18cm

DMC25 號刺繡線

成品尺寸　16cm x 24cm（文庫本專用）

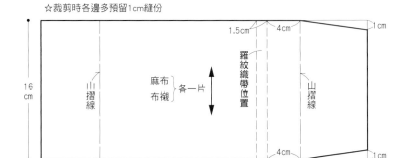

☆裁剪時各邊多預留1cm縫份

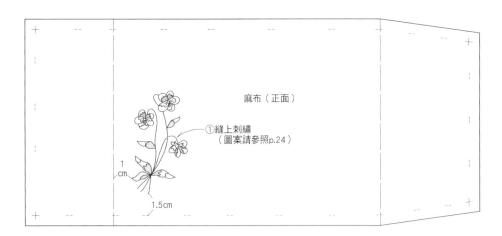

麻布（正面）

①縫上刺繡
（圖案請參照p.24）

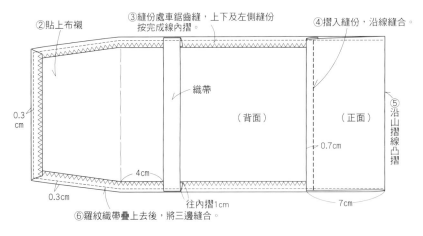

②貼上布襯

③縫份處車鋸齒縫，上下及左側縫份
按完成線內摺。

④摺入縫份，沿線縫合。

織帶

（背面）

（正面）

⑤沿山摺線凸摺

0.3cm

0.3cm

0.7cm

4cm

往內摺1cm

⑥羅紋織帶疊上去後，將三邊縫合。

7cm

16cm

12cm

<茶墊>

①於表布正面縫上刺繡
※圖案請參照p.25

0.2cm

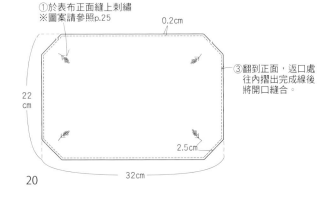

③翻到正面，返口處
往內摺出完成線後
將開口縫合。

22cm

2.5cm

32cm

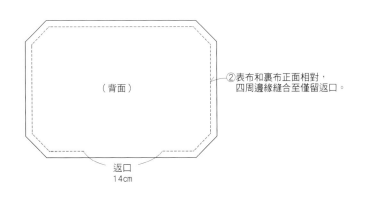

②表布和裏布正面相對，
四周邊緣縫合至僅留返口。

（背面）

返口
14cm

茶壺保溫罩與茶墊…照片 p.19

材料

茶壺保溫罩

外袋：表層用麻布　　　白 56cm x 20.5cm
　　　裡層用棉布　　　白 56cm x 16.5cm
內袋：表層用絎縫布　　白 52cm x 16cm
　　　裡層用印花棉布　印花 52cm x 16cm

滾邊布條：0.6cm 寬
水藍色 58cm、白色 102cm
DMC25 號刺繡線
成品尺寸：請參照圖片

茶墊
表層用麻布　　　　白 34cm x 24cm
裡層用棉布　　　　白 34cm x 24cm
DMC25 號刺繡線
成品尺寸：32cm x 22cm

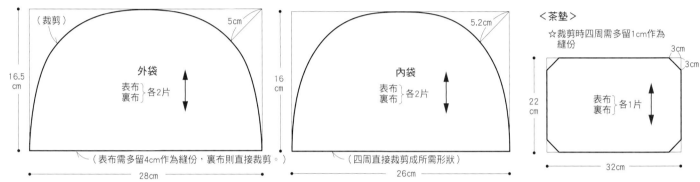

〈茶壺保溫罩〉
☆（　）內有縫份指示

（裁剪）　　　　　　　5cm
16.5cm
外袋
表布｝各2片
裏布
（表布需多留4cm作為縫份，裏布則直接裁剪。）
28cm

5.2cm
16cm
內袋
表布｝各2片
裏布
（四周直接裁剪成所需形狀）
26cm

〈茶墊〉
☆裁剪時四周需多留1cm作為縫份
3cm
3cm
22cm
表布｝各1片
裏布
32cm

〈茶壺保溫罩〉

外袋

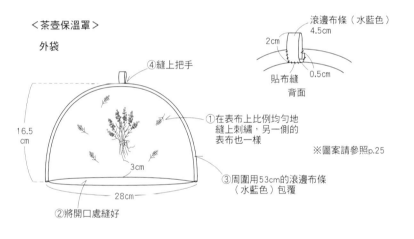

④縫上把手
16.5cm
①在表布上比例均勻地縫上刺繡，另一側的表布也一樣
※圖案請參照p.25
3cm
28cm
②將開口處縫好
③周圍用53cm的滾邊布條（水藍色）包覆

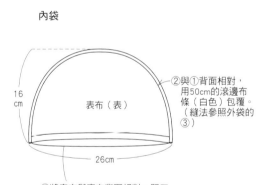

滾邊布條（水藍色）
2cm　4.5cm
0.5cm
貼布縫
背面

內袋

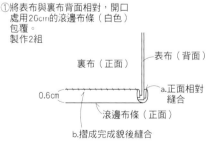

16cm
表布（表）
26cm
②與①背面相對，用50cm的滾邊布條（白色）包覆。（縫法參照外袋的③）
①將表布與裏布背面相對，開口處用26cm的滾邊布條（白色）包覆。
製作2組

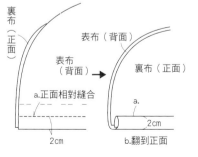

裏布（正面）
表布（背面）
表布（背面）→　裏布（正面）
a.正面相對縫合
a.
2cm
2cm
b.翻到正面

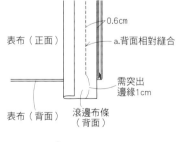
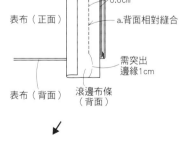

0.6cm
表布（正面）
a.背面相對縫合
表布（背面）
需突出邊緣1cm
滾邊布條（背面）

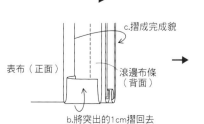

c.摺成完成貌
表布（正面）
滾邊布條（背面）
b.將突出的1cm摺回去

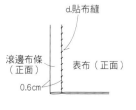

裏布（正面）
表布（背面）
0.6cm
滾邊布條（正面）
a.正面相對縫合
b.摺成完成貌後縫合

d.貼布縫
滾邊布條（正面）
表布（正面）
0.6cm

※使用時將外袋與內袋疊合使用

21

四季之花　春

設計…オノエ・メグミ（ONOE MEGUMI）　刺繡作法請參考p.24
布提供／越前屋

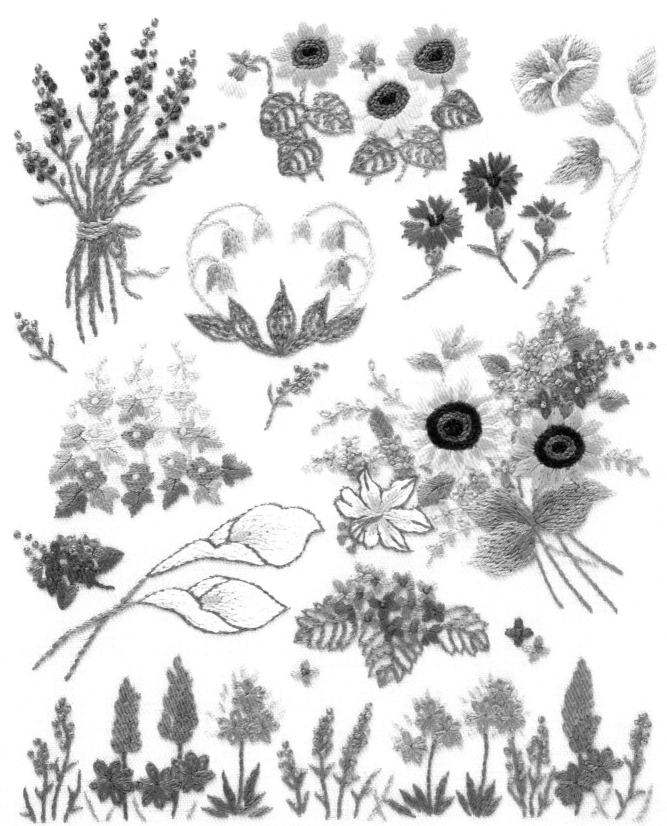

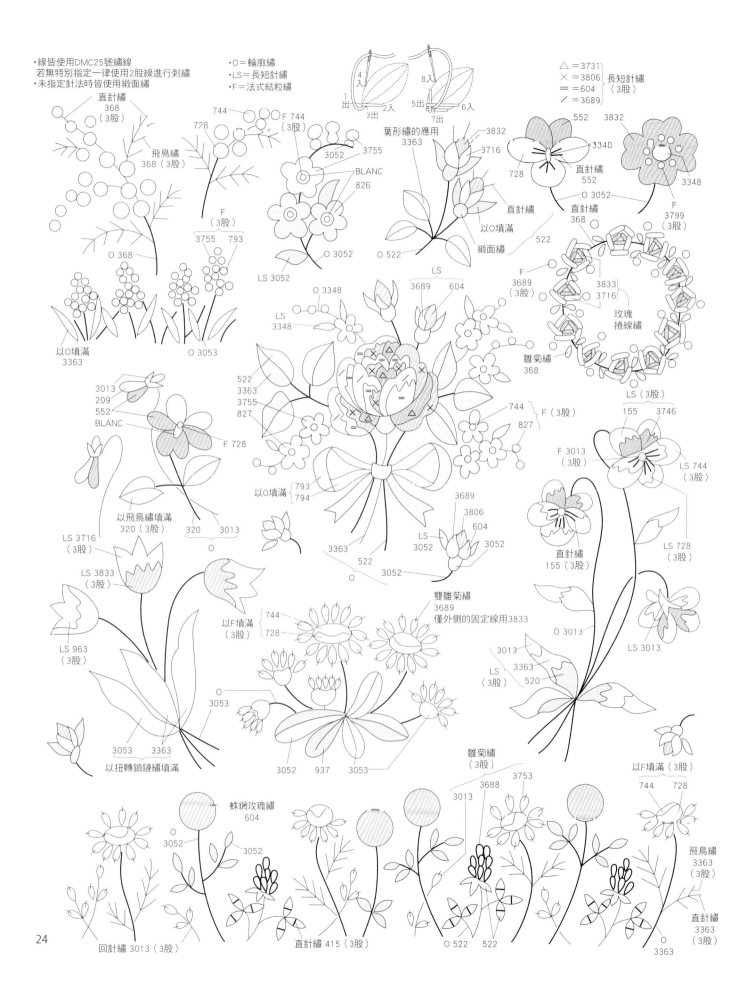

・線皆使用DMC25號繡線
 若無特別指定一律使用2股線進行刺繡
・未指定針法時皆使用緞面繡

・O＝輪廓繡
・LS＝長短針繡
・F＝法式結粒繡

△＝3731
×＝3806　長短針繡
＝＝604　（3股）
／＝3689

直針繡
368
（3股）

飛鳥繡
368（3股）

744
728　　F 744
　　　（3股）

3052　3755

BLANC
826

葉形繡的應用
3363

3832
3716

552
3832
3340
3348

728　直針繡
　　552

直針繡
368

F
3799
（3股）

F
（3股）

3755　793

O 368

以O填滿
3363

O 3053

LS 3052

O 3052

直針繡
552

以O填滿

緞面繡

O 522

直針繡
368

F
3689
（3股）

3833
3716

玫瑰
捲線繡

O 3348

LS
3348

LS
3689　604

雛菊繡
368

LS（3股）

155　3746

3013
209
552
BLANC

F 728

522
3363
3755
827

744
827　F（3股）

F 3013
（3股）

LS 744
（3股）

以飛鳥繡填滿
320（3股）

320　3013

O

以O填滿　793
　　　794

3689
3806
604
3052

LS
3052

直針繡
155（3股）

LS 728
（3股）

LS 3716
（3股）

LS 3833
（3股）

3363　522　3052

O

雙雛菊繡
3689
僅外側的固定線用3833

O 3013

3013

LS
3363
520
（3股）

LS 3013

LS 963
（3股）

以F填滿
（3股）　744
　　728

O
3053

以扭轉鎖鏈繡填滿

3053　3363

3052　937　3053

雛菊繡
（3股）

3013
3688　3753

以F填滿（3股）
744　728

飛鳥繡
3363
（3股）

回針繡 3013（3股）

O
3052

蛛網玫瑰繡
604

3052

直針繡 415（3股）

O 522　522

直針繡
3363
（3股）

O
3363

24

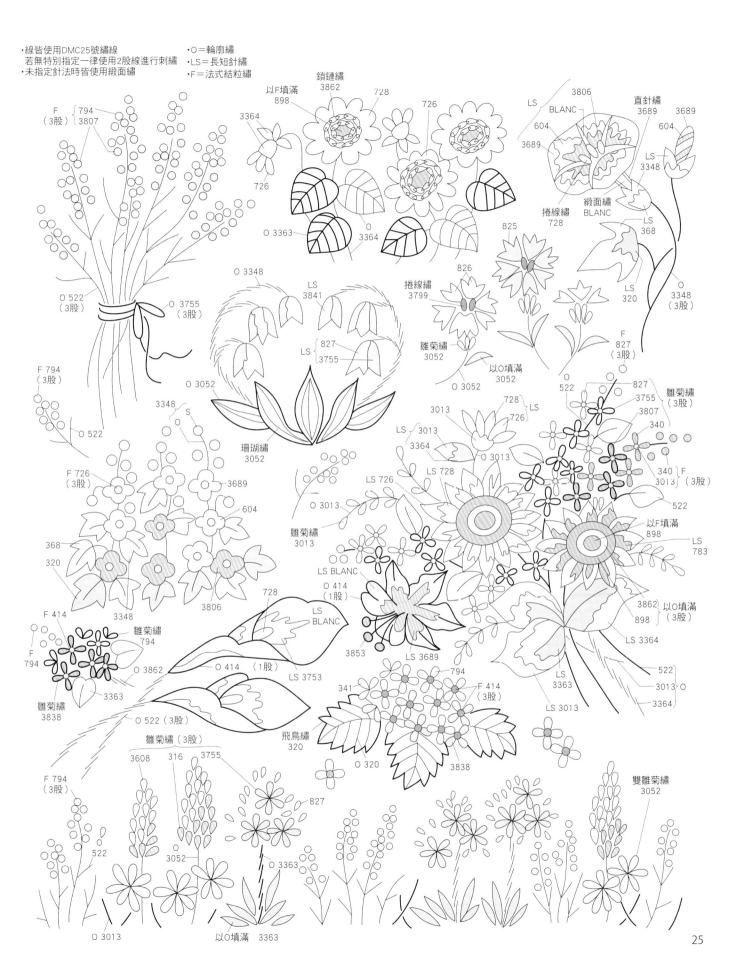

・線皆使用DMC25號繡線
　若無特別指定一律使用2股線進行刺繡
・未指定針法時皆使用緞面繡

・O＝輪廓繡
・LS＝長短針繡
・F＝法式結粒繡

F {794 / 3807
（3股）

鎖鏈繡
3862

以F填滿
898

728

726

LS
3806

BLANC

直針繡
3689

3689

604

3689

604

3364

726

726

LS
3348

O 3363

O

3364

O 3348

LS
3841

捲線繡
728

緞面繡
BLANC

LS
368

LS
3348

LS
320

LS
368

捲線繡
3799

825

826

O 522
（3股）

O 3755
（3股）

LS {827 / 3755

雛菊繡
3052

以O填滿
3052

O 3052

F
827
（3股）

O
3348
（3股）

F 794
（3股）

O 3052

珊瑚繡
3052

F 726
（3股）

3348

S

3689

604

3013

728
726

LS

522

827
3755

雛菊繡
（3股）

3807

340

O 522

LS 3013
3364

LS 728

以O填滿
3013

O 3013

340 F
3013（3股）

522

368

320

雛菊繡
3013

LS 726

LS BLANC

O 414
（1股）

3806

3348

728

LS
BLANC

O 414（1股）

LS 3753

3853

LS 3689

3862 以O填滿
898（3股）

LS
783

LS 3364

F 414
（3股）

雛菊繡
794

F
794

O 3862

3363

雛菊繡
3838

341

794

F 414
（3股）

LS
3363

522

3013 O

3364

LS 3013

O 522（3股）

飛鳥繡
320

O 320

3838

雛菊繡（3股）

3608

316

3755

827

雙雛菊繡
3052

F 794
（3股）

522

3052

O

O 3363

以O填滿　3363

O 3013

25

四季之花　秋

設計…オノエ・メグミ（ONOE MEGUMI）　刺繡作法…請參照p.28
布提供／越前屋

四季之花　冬

設計…オノエ・メグミ（ONOE MEGUMI）　刺繡作法…請參照 p.29
布提供／越前屋

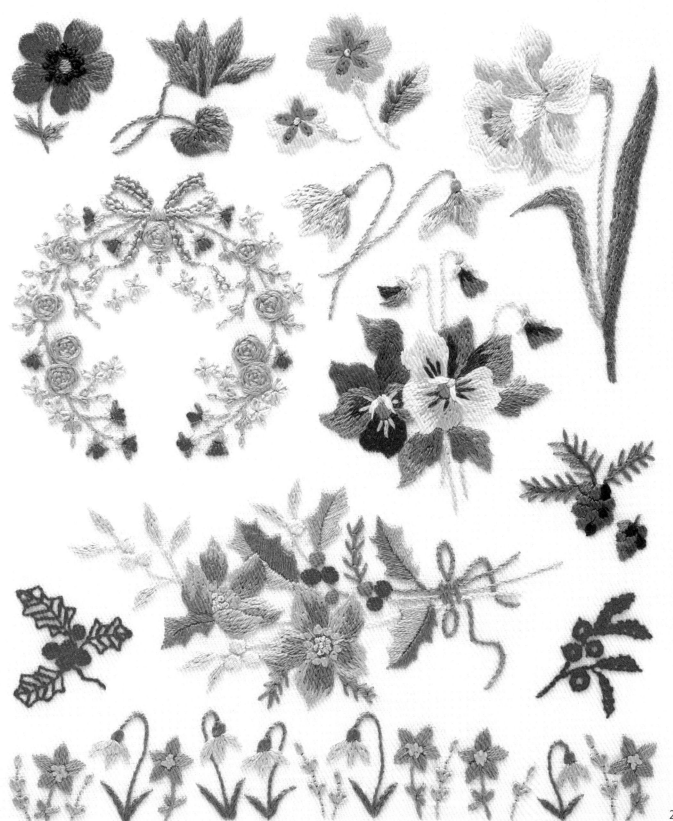

以F填滿　（3股）
725
3348
783
726
728 } 雙雛菊繡（3股）

522

F 783
直針繡
3011
（1股）
3012
以F填滿
783 （3股）
3011
3012

飛鳥繡
3687
（3股）

O 522
O 522
O 3363

3608

3731
直針繡
3052
3609
3608
長短針繡

3012

O 3012

3013

O 320
728
3348
3834 } F
3835 （4股）
3053
回針繡
414

3841
BLANC
長短針繡

3608
釘線繡
以4股線繡渡線、
以1股線釘縫
3687

雛菊繡
3052

以F填滿
726
436

鋸齒繡
3607

435
3862

直針繡
414

雙雛菊繡
3348

F
BLANC
3731
3348

長短針繡
BLANC
3052

O
3608

O 3607

O
320

飛鳥繡
3608

3363

O 522

3348
340 } F
3746 （4股）
O 522

O 414

522

371

直針繡
3862

以鎖鏈繡
填滿　435

捲線繡
782

長短針繡
794　3838
3348

F
3608

898
3862
長短針繡

BLANC

3608

3609

O 522

209
320
553

320
728

直針繡
898

釘線繡　3011
以3股線繡渡線、以1股線釘縫

3364
O
3364

3013

O 3608

435
3862
長短針繡

O
3053

3053

釘線繡
415
以2股線繡渡線、
以1股線釘縫

O
3013

3608
320

3608

以F填滿
3862

726
728 } F（3股）

3608
以F填滿
725

直針繡
552

522

O 522

O
370

雛菊繡　370
O 3348
O 3052
羽毛繡　3052

回針繡
522

鋸齒繡　522

28

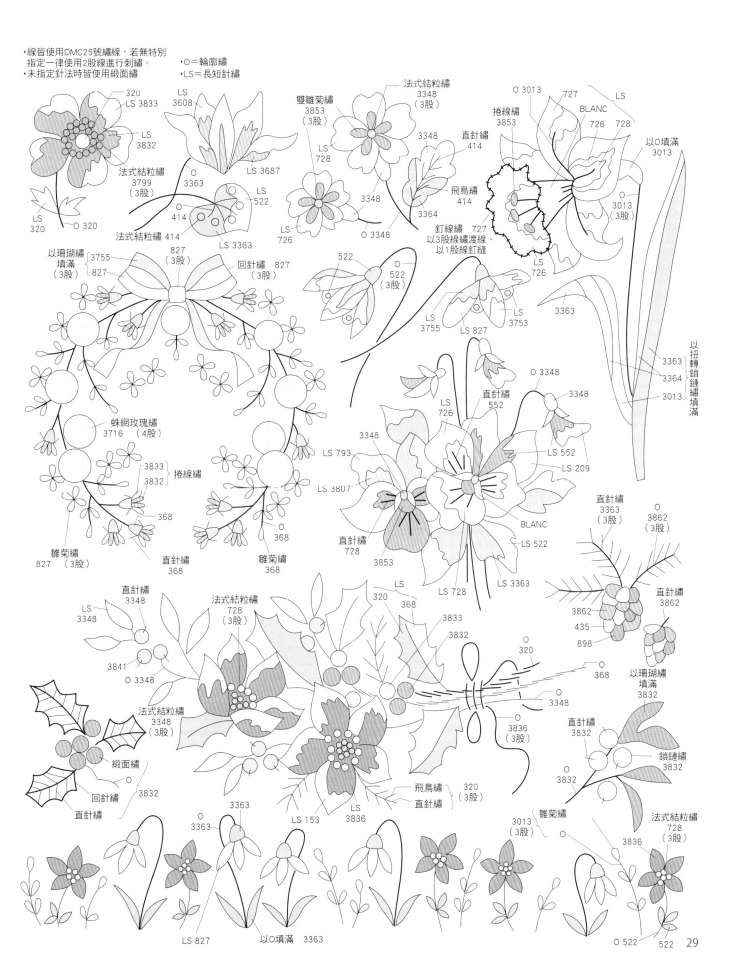

・線皆使用DMC25號繡線，若無特別
指定一律使用2股線進行刺繡。
・未指定針法時皆使用緞面繡
・O＝輪廓繡
・LS＝長短針繡

320
LS 3833

LS
3608

雙雛菊繡
3853
（3股）

法式結粒繡
3348
（3股）

O 3013
727
LS
BLANC
726
728

捲線繡
3853

直針繡
414

以O填滿
3013

LS
3832

LS
3687

LS
728

3348

3363

LS
522

O
3363

飛鳥繡
414

O
3013
3013
（3股）

法式結粒繡
3799
（3股）

O
414

3348

3364

釘線繡 727
以3股線繡渡線、
以1股線釘縫

LS
320

O 320

法式結粒繡 414

LS 3363

LS
726

O 3348

LS
726

以珊瑚繡
填滿
（3股）
3755
827

827
（3股）

回針繡 827
（3股）

522

O
522
（3股）

LS
3755

LS 827

LS
3753

3363

蛛網玫瑰繡
3716 （4股）

3833
3832

捲線繡

368

雛菊繡
827 （3股）

直針繡
368

O
368

雛菊繡
368

3833
3832

3348

LS 793

3348

直針繡
552

3348

LS 3807

LS 552

LS 209

以扭轉鎖鏈繡填滿
3363
3364
3013

直針繡
728

3853

BLANC

LS 522

直針繡
3363
（3股）

O
3862
（3股）

LS 728

LS 3363

直針繡
3348

LS
3348

LS
320
368

3833

3832

O
320

3862
435
898

直針繡
3862

以珊瑚繡
填滿
3832

3841

O 3348

法式結粒繡
728
（3股）

O
368

O
3348

法式結粒繡
3348
（3股）

O
3836
（3股）

直針繡
3832

鎖鏈繡
3832

緞面繡

回針繡
3832

O

直針繡

3363

O
3363

LS 153

飛鳥繡
直針繡

320
（3股）

O
3832

3013
（3股）

雛菊繡

O
3836

法式結粒繡
728
（3股）

LS
3836

LS 827

以O填滿 3363

O 522
522

29

刺繡之樂
刺繡框畫

美麗的刺繡框也可以直接當作畫框,繡好後就直接掛在牆上當裝飾。
示範用的繡框與手工眼鏡鏡框相同材質,非常漂亮,色彩也相當豐富,共有9色可供選擇。

設計⋯笹尾多惠
刺繡的圖案請參照p.33   刺繡框的內徑⋯12.5cm
布提供／越前屋   刺繡框提供／DMC

製作的重點

將圖案轉移到布上後,套進刺繡框開始刺繡。
繡好了以後翻到背面,將多餘的布剪掉。

＊刺繡之樂＊
手帕

第一次嘗試刺繡的人，可以從不需要任何裁縫作業的手帕開始試做。單圖的刺繡馬上就能完成，也最適合當作小禮物。

設計…こむらたのりこ（KOMURATANORIKO）
刺繡的圖案請參照 p.36、37

製作的重點
先將圖案轉移到手帕的一角，再進行刺繡。

小鳥

設計…笹尾多恵　刺繡作法…請參照 p.33

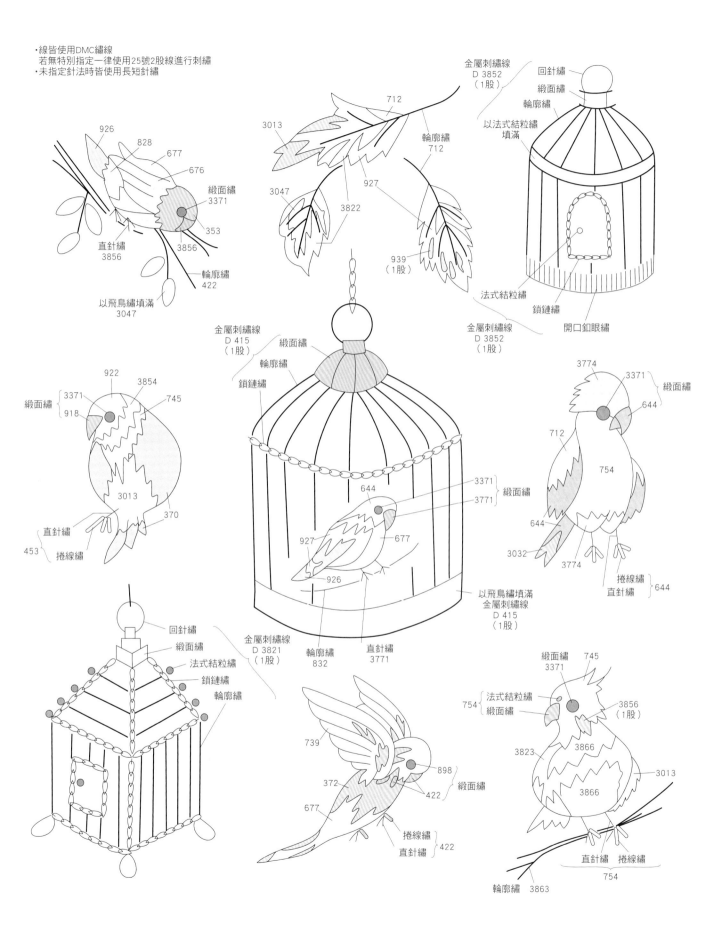

・線皆使用DMC繡線
　若無特別指定一律使用25號2股線進行刺繡
・未指定針法時皆使用長短針繡

926
828
677
676
緞面繡
3371
353
3856
直針繡
3856
輪廓繡
422
以飛鳥繡填滿
3047

3013
3047
3822
712
輪廓繡
712
927
939
（1股）

金屬刺繡線
D 3852
（1股）
回針繡
緞面繡
輪廓繡
以法式結粒繡
填滿
法式結粒繡
鎖鏈繡
開口鈕眼繡
金屬刺繡線
D 3852
（1股）

緞面繡
3371
918
922
3854
745
3013
直針繡
453
捲線繡
370

金屬刺繡線
D 415
（1股）
緞面繡
輪廓繡
鎖鏈繡
644
3371
3771
緞面繡
927
677
926
金屬刺繡線
D 3821
（1股）
輪廓繡
832
直針繡
3771
以飛鳥繡填滿
金屬刺繡線
D 415
（1股）

3774
3371
緞面繡
644
712
754
644
3032
3774
捲線繡
直針繡
644

回針繡
緞面繡
法式結粒繡
鎖鏈繡
輪廓繡

739
372
677
898
422
緞面繡
捲線繡
直針繡
422

緞面繡
3371
745
法式結粒繡
緞面繡
754
3856
（1股）
3823
3866
3013
3866
直針繡　捲線繡
754
輪廓繡　3863

33

動物

設計…こむらたのりこ（KOMURATANORIKO）　刺繡作法…請參照p.36
布提供／越前屋

可愛的孩子們

設計…こむらたのりこ（KOMURATANORIKO） 刺繡作法…請參照 p.37

布提供／越前屋

直針繡
327

直針繡　緞面繡

直針繡
451

法式結粒繡
（捲3圈）451

包芯緞面繡
451

緞面繡 415

直針繡
451

451

165

O

包芯緞面繡
351

法式結粒繡（捲3圈）
451

包芯緞面繡
349

回針繡
451

O 451

直針繡
451

包芯緞面繡
165

O 761

法式結粒繡
（捲3圈）

334

O

直針繡　334

334

直針繡
761

S

3347

O

O 761

O 334

緞面繡 414

O 761

直針繡
3347 （2股）

O 414

飛鳥繡
351

直針繡

法式結粒繡
（捲3圈）
351

直針繡
334

回針繡
761

O

334　3347

直針繡

414

法式結粒繡
（捲2圈）

直針繡

761

緞面繡

O

緞面繡
334

351

414

O

法式結粒繡
（捲3圈）

直針繡

緞面繡

334

O

349

O 414

A

349

回針繡

761

緞面繡
334

回針繡
334

B　C

O

761

直針繡
334

緞面繡
3790

334

緞面繡
165

334

O

緞面繡
334　761

O 165

直針繡
3790

O 3790

緞面繡 3790

414

351

334

414

直針繡
761

直針繡
414

O 351

334
165

緞面繡

直針繡
327

緞面繡

法式結粒繡
（捲3圈）

緞面繡

414
3347

O 3347

直針繡
3347

761　334

O

法式結粒繡
（捲3圈）
334

直針繡

回針繡

334

緞面繡

直針繡　414

緞面繡 414

緞面繡 414

O 712

法式結粒繡
（捲3圈）
334

直針繡

349

緞面繡

緞面繡
745

3853

緞面繡
414

O 414

直針繡
3853
745

O 712

緞面繡 415

緞面繡 414

緞面繡 3347

3072

3853

交錯用O

直針繡
3790

法式結粒繡
（捲3圈）
3790

O
3790

O 3072

334　3853

165　334

3072

O

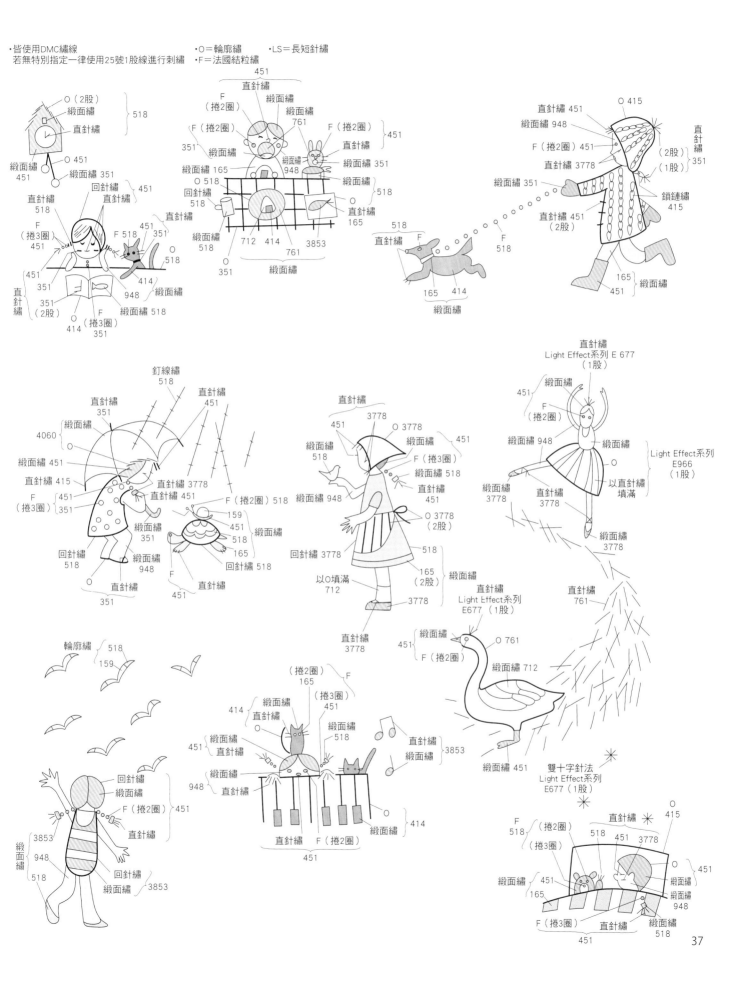

美好時光

設計…西須久子　刺繡作法…請參照p.39
布提供／越前屋

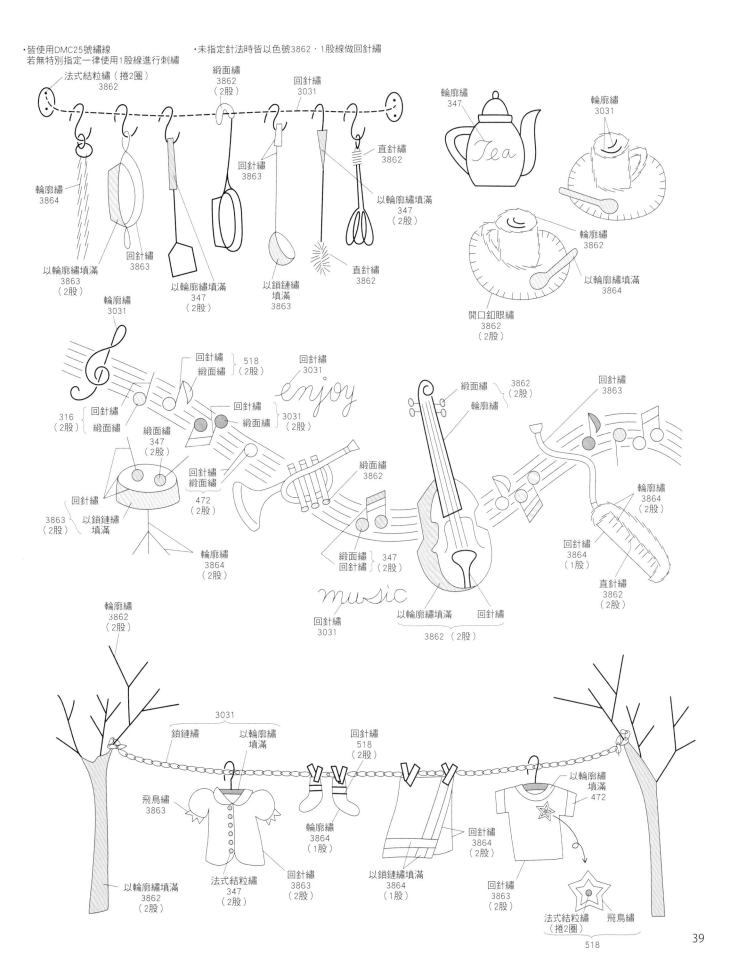

・皆使用DMC25號繡線
　若無特別指定一律使用1股線進行刺繡

・未指定針法時皆以色號3862，1股線做回針繡

法式結粒繡（捲2圈）
3862

緞面繡
3862
（2股）

回針繡
3031

輪廓繡
347

輪廓繡
3031

回針繡
3863

直針繡
3862

輪廓繡
3864

回針繡
3863

以輪廓繡填滿
347
（2股）

以輪廓繡填滿
3863
（2股）

以輪廓繡填滿
347
（2股）

以鎖鏈繡
填滿
3863

直針繡
3862

輪廓繡
3862

以輪廓繡填滿
3864

開口釦眼繡
3862
（2股）

輪廓繡
3031

回針繡
518
（2股）
緞面繡

回針繡
3031

enjoy

回針繡
3031
緞面繡
（2股）

回針繡
3863

316
（2股）
回針繡
緞面繡

緞面繡
347
（2股）

回針繡
緞面繡
472
（2股）

回針繡
3863
（2股）
以鎖鏈繡
填滿

輪廓繡
3864

緞面繡
3862

緞面繡
輪廓繡
3862
（2股）

回針繡
3863

輪廓繡
3864
（2股）

回針繡
3864
（1股）

直針繡
3862
（2股）

緞面繡
回針繡
347
（2股）

music

回針繡
3031

以輪廓繡填滿　回針繡
3862（2股）

輪廓繡
3862
（2股）

3031
鎖鏈繡

以輪廓繡
填滿

回針繡
518
（2股）

以輪廓繡
填滿
472

飛鳥繡
3863

輪廓繡
3864
（1股）

回針繡
3864
（2股）

以輪廓繡填滿
3862
（2股）

法式結粒繡
347
（2股）

回針繡
3863
（2股）

以鎖鏈繡填滿
3864
（1股）

回針繡
3863
（2股）

法式結粒繡
（捲2圈）
飛鳥繡

518

39

英文字母

設計…西須久子　刺繡作法…請參照p.42
布提供／越前屋

平假名

設計…西須久子　刺繡作法…請參照p.43
布提供／越前屋

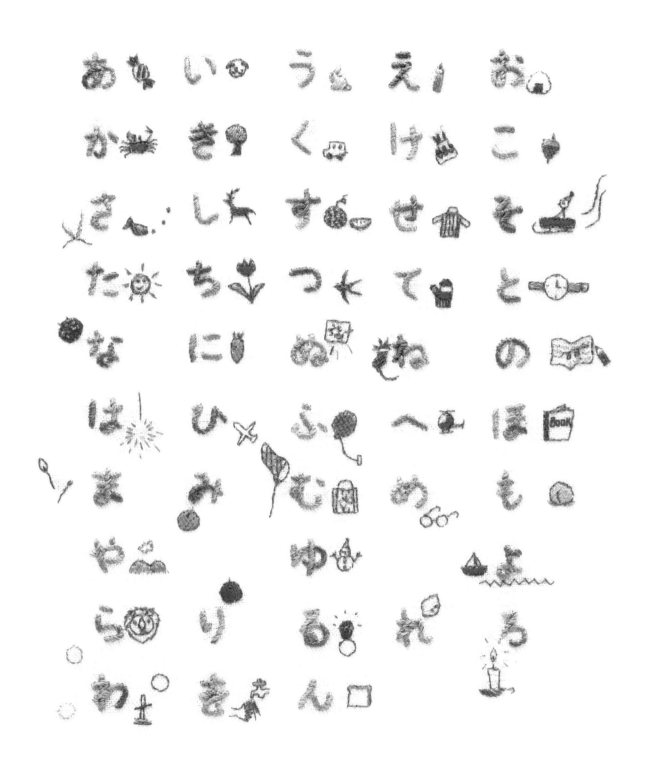

・皆使用DMC25號繡線，若無特別指定一律使用2股線進行刺繡。
・針法若無特別指定皆使用2股線做輪廓繡，或用輪廓繡填滿。

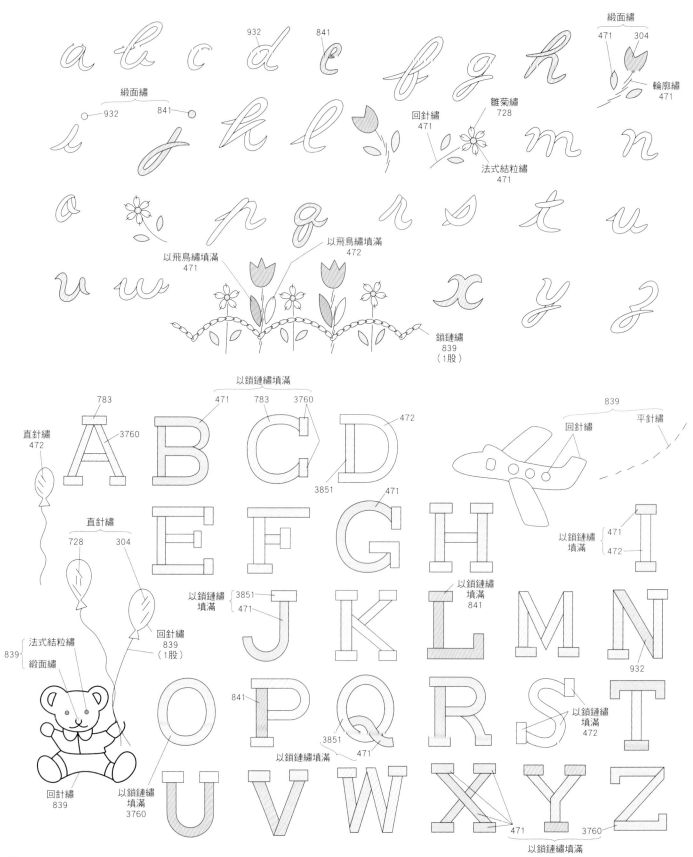

・皆使用DMC25號繡線
・文字以色號4025做包芯緞面繡（芯以4股線做回針繡，緞面繡以2股線繡縫）
・文字以外用1股線
・文字以外的圖案針法若無特別指定，以及輪廓線部分皆以色號451，1股線做回針繡

・O＝輪廓繡
・LS＝長短針繡
・F＝法國結粒繡

緞面繡 349
349 451
直針繡 451
F（捲2圈）451

緞面繡 451
F（捲3圈）3853
直針繡 451

緞面繡 761

緞面繡 712
緞面繡 3347

712 } 緞面繡
451

F（捲2圈）451
緞面繡 349

直針繡 451
3347
451 } 緞面繡

緞面繡 4025
F（捲4圈）451

緞面繡 745
直針繡 349
F（捲3圈）349
鋸齒繡 451

緞面繡 4025
直針繡 451
緞面繡 351
F（捲3圈）349

緞面繡 3347
F（捲3圈）4025
緞面繡 4025
直針繡 3853 451

緞面繡 451

緞面繡 349
直針繡 451
3347 351
回針繡

緞面繡 349

F（捲2圈）451
緞面繡 349
直針繡 451

直針繡 451
緞面繡 349
緞面繡 451
回針繡 3853
F（捲2圈）451
飛鳥繡 451

緞面繡 349
緞面繡 3347
直針繡 3347、451

直針繡 349
O 451
直針繡 351
直針繡 451
761
緞面繡 } 451

緞面繡 349
緞面繡 3347

直針繡 3347
直針繡 451
回針繡 4025
712 } 緞面繡 451

回針繡 3853
F（捲4圈）745
直針繡 745

緞面繡 3853
直針繡 451

4025 745 3347
直針繡

直針繡 349

直針繡 4025

回針繡 351
直針繡 351
直針繡 3853

緞面繡 712

緞面繡 351
直針繡 451
緞面繡 745

緞面繡 349
直針繡 451

Book
回針繡 349
緞面繡 761
緞面繡 3347

緞面繡 351
緞面繡 3347
F（捲2圈）451

直針繡 3347
緞面繡 3853

直針繡 451

F 451
F（捲2圈）451
直針繡 451

緞面繡 349
鋸齒繡 451

F（捲2圈）451

直針繡 451
緞面繡 349
F（捲2圈）351

緞面繡 745
F（捲2圈）451

回針繡 3347
緞面繡 745

回針繡 351

緞面繡 349

緞面繡 745
745 } 直針繡
451
直針繡 349
緞面繡 451

回針繡 761
回針繡 349
緞面繡 451

回針繡 4025
直針繡 4025

O 3853

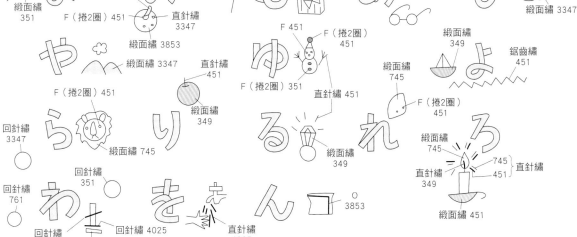

以刺繡做記號　水果圖樣的名牌

設計⋯こむらたのりこ（KOMURATANORIKO）　刺繡作法⋯請參照p.46
布提供／越前屋

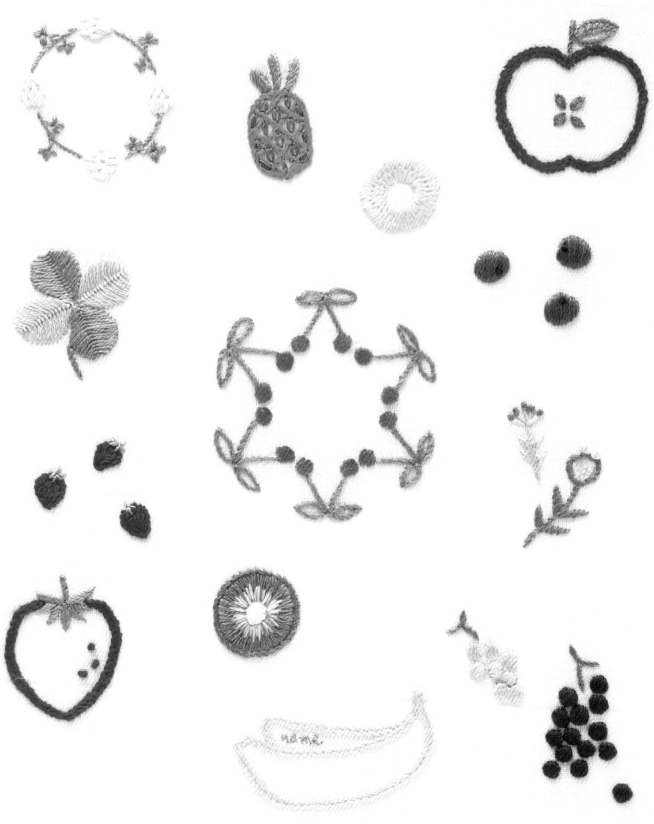

午餐袋＆水壺袋

把名字跟喜歡的水果圖樣繡在袋子上，
一眼就能認出自己的物品，可愛又特別。

設計…こむらたのりこ（KOMURATANORIKO）
刺繡作法…請參照p.47　刺繡圖案請參照p.43、46
布提供／越前屋

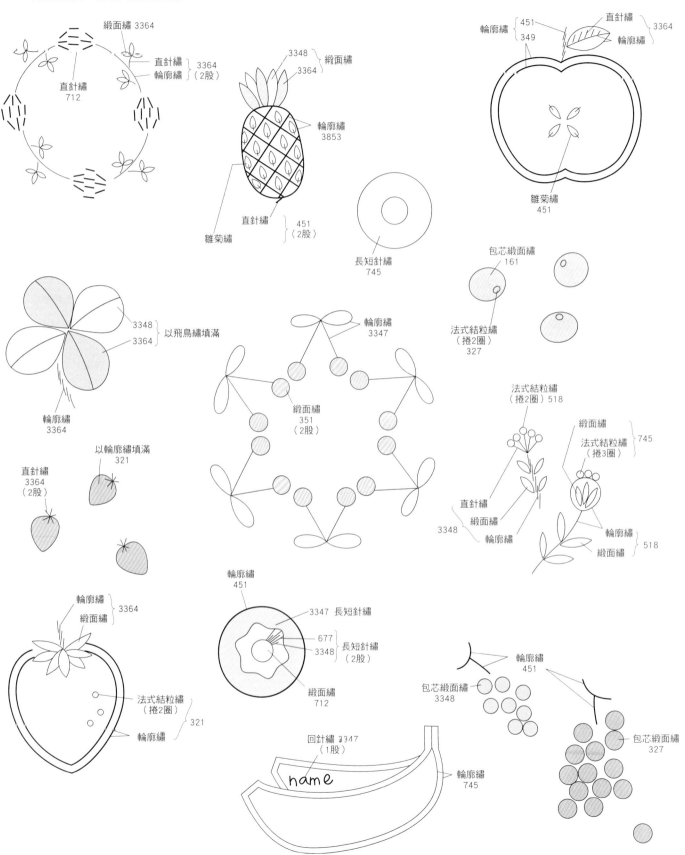

・皆使用DMC25號繡線
若無特別指定一律使用3股線進行刺繡

緞面繡 3364

直針繡 3364
輪廓繡 3364（2股）

直針繡 712

3348 緞面繡
3364

輪廓繡 3853

直針繡 451（2股）

雛菊繡

長短針繡 745

輪廓繡 451
349

直針繡 3364
輪廓繡 3364

雛菊繡 451

包芯緞面繡 161

法式結粒繡（捲2圈）327

3348 以飛鳥繡填滿
3364

輪廓繡 3364

以輪廓繡填滿 321

直針繡 3364（2股）

輪廓繡 3347

緞面繡 351（2股）

法式結粒繡（捲2圈）518

緞面繡

法式結粒繡（捲3圈）745

直針繡
緞面繡
輪廓繡
3348

輪廓繡 518
緞面繡

輪廓繡 3364
緞面繡

法式結粒繡（捲2圈）321
輪廓繡

輪廓繡 451

3347 長短針繡

677 長短針繡
3348（2股）

緞面繡 712

回針繡 3347（1股）

name

輪廓繡 745

輪廓繡 451
包芯緞面繡 3348

包芯緞面繡 327

46

午餐袋 & 水壺袋 …照片 p.45

材料

午餐袋

表層用麻布　米白與黃綠色格紋　28cm x 41cm

口袋用棉布　米白 10cm x 18cm

棉線　直徑 0.5cm　60cm x 2 條

DMC25 號刺繡線

成品尺寸：請參照圖片

水壺袋

表層用麻布　米白與黃綠色格紋　23cm x 38cm

口袋用棉布　米白 9cm x 16cm

棉線　直徑 0.5cm　50cm x 2 條

DMC25 號刺繡線

成品尺寸：請參照圖片

☆（　）內有縫份指示
　本體周圍使用縫紉機以鋸齒縫縫合

＜午餐袋＞

（2cm）

2cm　　　　4cm　　　　2cm

對摺線

8.5cm　　　　　　8.5cm

開衩終點

37cm

本體
麻布
1片

口袋布
棉布
1片

8cm

（周圍1cm）

（1.5cm）

8cm

對摺線

25cm

＜水壺袋＞

（1.5cm）

2cm　　　4cm　　　2cm

對摺線

6.5cm　　　　6.5cm

開衩終點

35cm

（1.5cm）

本體
麻布
1片

口袋布
棉布

7cm

（周圍1cm）

（1.5cm）

7cm

對摺線

20cm

＜午餐袋＞

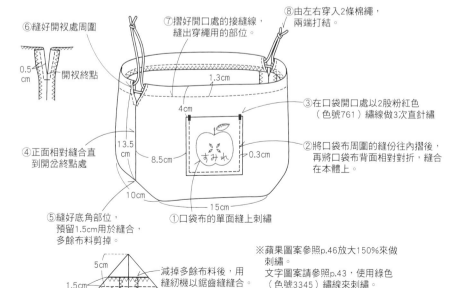

⑥縫好開衩處周圍

0.5cm　開衩終點

④正面相對縫合直
　到開岔終點處

⑤縫好底角部位，
　預留1.5cm用於縫合，
　多餘布料剪掉。

⑦摺好開口處的接縫線，
　縫出穿繩用的部位。

⑧由左右穿入2條棉繩，
　兩端打結。

1.3cm

4cm

13.5cm

8.5cm

0.3cm

10cm

15cm

③在口袋開口處以2股粉紅色
　（色號761）繡線做3次直針繡

②將口袋布周圍的縫份往內摺後，
　再將口袋布背面相對對折，縫合
　在本體上。

①口袋布的單面縫上刺繡

5cm

1.5cm

10cm

車縫

減掉多餘布料後，用
縫紉機以鋸齒縫縫合

※蘋果圖案參照p.46放大150%來做
　刺繡。
　文字圖案請參照p.43，使用綠色
　（色號3345）繡線來刺繡。

＜小束口袋＞

作法順序同午餐袋

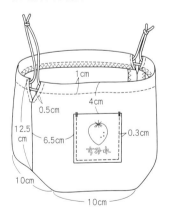

1cm

0.5cm

4cm

12.5cm

6.5cm

0.3cm

10cm

10cm

※草莓圖案參照p.46，文字圖案
　參照p.43，使用粉紅色（色號
　761）繡線來刺繡。

47

各國國旗

設計···西須久子　刺繡作法···請參照p.49

・皆使用DMC25號繡線
　若無特別指定一律使用2股線進行刺繡
・旗子的周圍一律以色號3799．1股線做回針繡

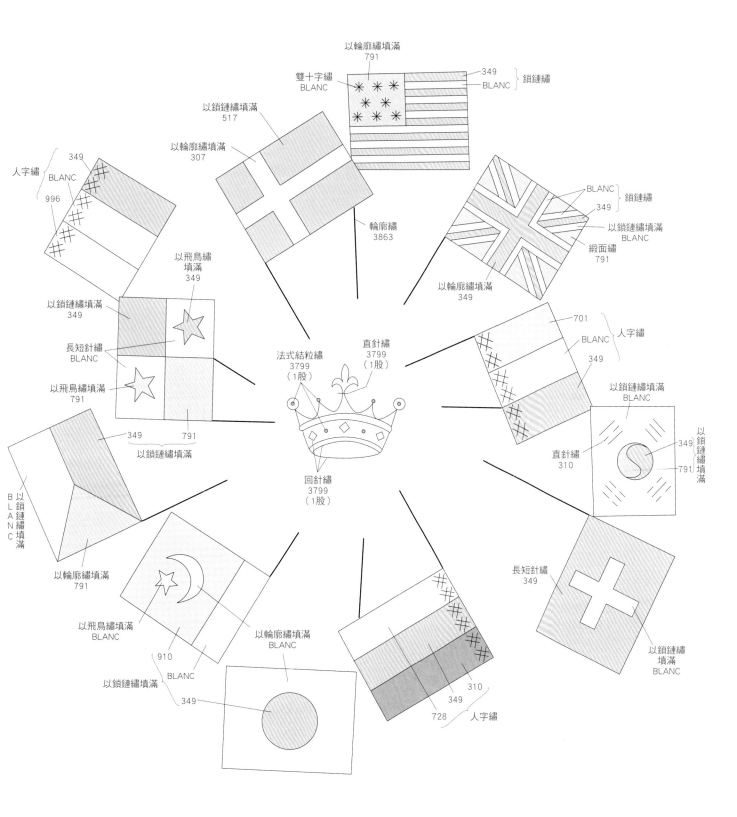

以輪廓繡填滿
791

雙十字繡
BLANC

349
BLANC
}鎖鏈繡

以鎖鏈繡填滿
517

以輪廓繡填滿
307

BLANC
}鎖鏈繡
349
以鎖鏈繡填滿
BLANC

緞面繡
791

人字繡
349
BLANC
996

輪廓繡
3863

以輪廓繡填滿
349

以飛鳥繡
填滿
349

701
人字繡
BLANC
349

以鎖鏈繡填滿
349

法式結粒繡
3799
（1股）

直針繡
3799
（1股）

以鎖鏈繡填滿
BLANC

長短針繡
BLANC

直針繡
310

349
以鎖鏈繡填滿
791

以飛鳥繡填滿
791

349　791
以鎖鏈繡填滿

回針繡
3799
（1股）

以鎖鏈繡填滿
BLANC

長短針繡
349

以輪廓繡填滿
791

以飛鳥繡填滿
BLANC

910

以輪廓繡填滿
BLANC

以鎖鏈繡填滿
349

BLANC

310
349
728　人字繡

以鎖鏈繡填滿
BLANC

各種喜愛的隨身配件

設計…朝山制子　刺繡作法…請參照p.52
布提供／越前屋

隨身小束口袋

在包包裡隨時放幾個小布袋任何時候都能派上用場，非常方便。
綁繩可以挑選自己喜歡的顏色以刺繡線編三股辮，
末端再綁上流蘇，色彩繽紛又可愛。

設計…朝山制子
作法…請參照 p.53　刺繡圖案…p.52

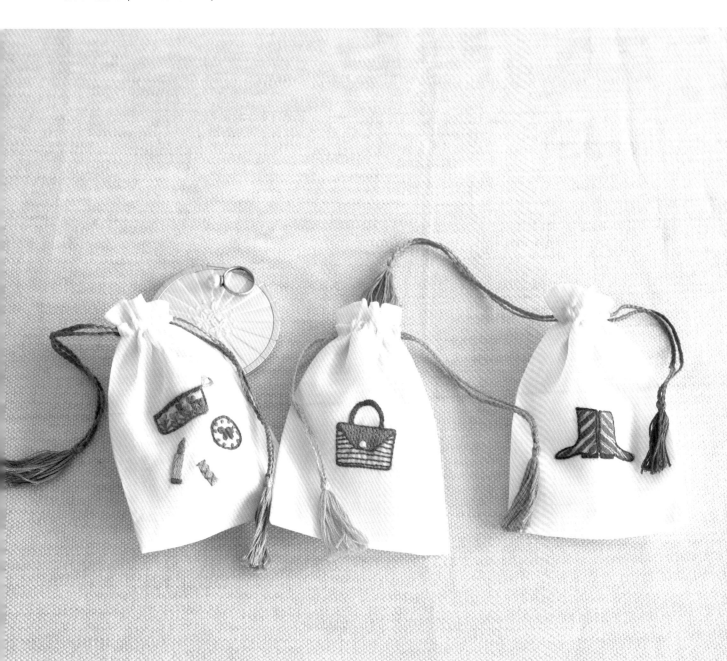

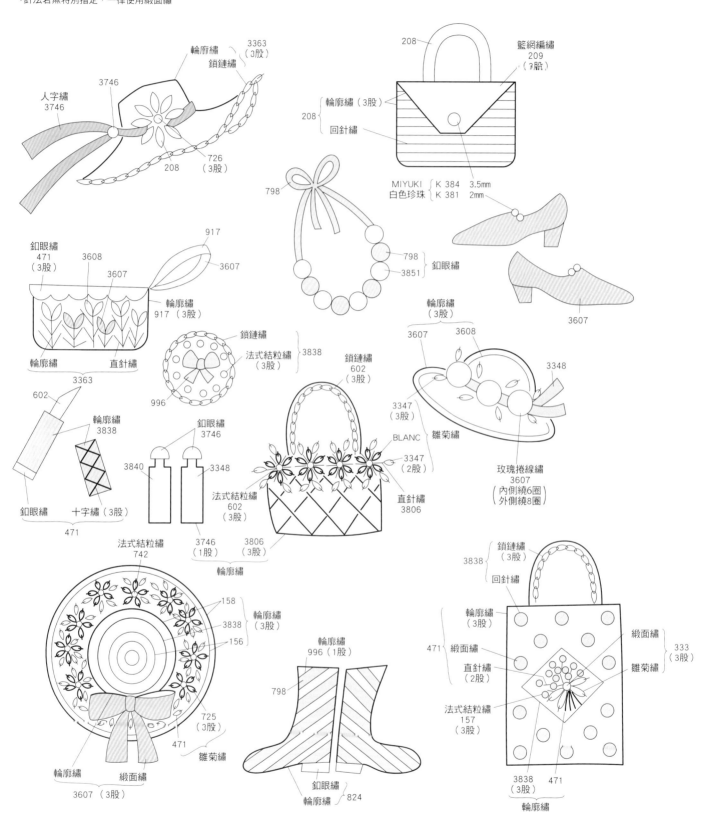

人字繡
3746

輪廓繡 3363
（3股）
鎖鏈繡

3746

208
726
（3股）

籃網編繡
209
（3股）

208

輪廓繡（3股）

回針繡

208

MIYUKI
白色珍珠
K 384　3.5mm
K 381　2mm

798

798
3851
釦眼繡

釦眼繡
471
（3股）

917
3607

3608
3607

輪廓繡
917（3股）

輪廓繡　　直針繡
3363

鎖鏈繡
法式結粒繡
（3股）
3838

996

鎖鏈繡
602
（3股）

輪廓繡
（3股）

3607　3608

3348

3347
（3股）

BLANC

3347
（2股）

雛菊繡

輪廓繡
3607
（3股）

602

輪廓繡
3838

釦眼繡
3746

3840
3348

法式結粒繡
602
（3股）

直針繡
3806

玫瑰捲線繡
3607
（內側繞6圈
外側繞8圈）

釦眼繡　十字繡（3股）
471

3746
（1股）

3806
（3股）

輪廓繡

鎖鏈繡
（3股）

3838

回針繡

法式結粒繡
742

158

輪廓繡
（3股）

3838

156

輪廓繡
996（1股）

輪廓繡
（3股）

471　緞面繡

直針繡
（2股）

緞面繡

333
（3股）

雛菊繡

725
（3股）

471

雛菊繡

798

法式結粒繡
157
（3股）

輪廓繡　緞面繡
3607　（3股）

釦眼繡
824

輪廓繡

3838　471
（3股）

輪廓繡

小束口袋…照片 p.51

材料（1個份量）
薄棉布　白色 24 x 19.5cm
DMC25號刺繡線
成品尺寸：10 x 15cm

☆（　）內為需預留用於縫合的縫份
縫份使用縫紉機以鋸齒縫縫合

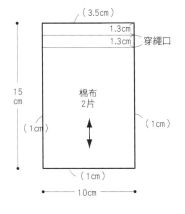

（3.5cm）
1.3cm
1.3cm　穿繩口
棉布
2片
15
cm
（1cm）　（1cm）
（1cm）
10cm

・線皆使用DMC25號繡線
　若無特別指定一律使用2股線進行刺繡
・針法若無特別指定，一律使用緞面繡。

釦眼繡3838
（3股）
3608　3607
輪廓繡
3838（3股）
471
3363
輪廓繡　直針繡
3363

3607
以輪廓繡填滿
3851
釦眼繡　十字繡
（3股）
3838

鎖鏈繡　3805
法式結粒繡
3607
（3股）
3805

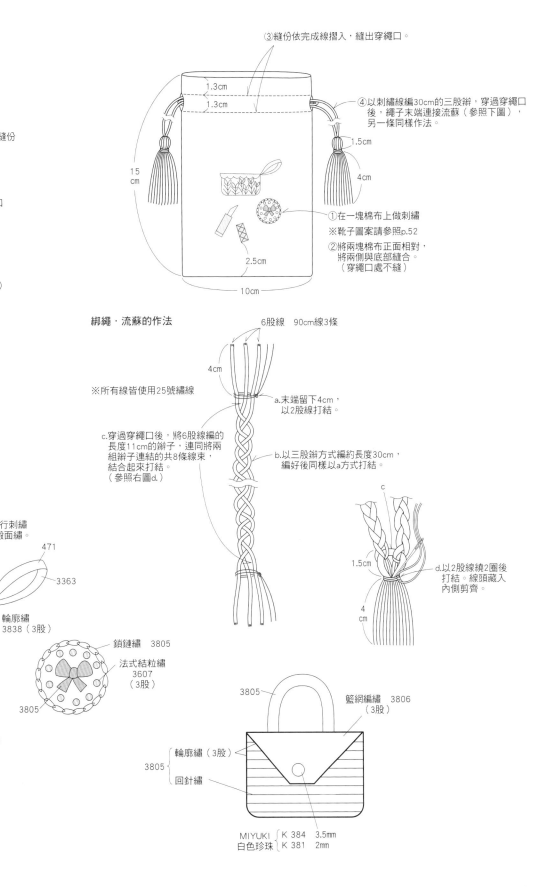

③縫份依完成線摺入，縫出穿繩口。

1.3cm
1.3cm

④以刺繡線編30cm的三股辮，穿過穿繩口
後，繩子末端連接流蘇（參照下圖），
另一條同樣作法。

15
cm

1.5cm
4cm

①在一塊棉布上做刺繡
※靴子圖案請參照p.52

②將兩塊棉布正面相對，
將兩側與底部縫合。
（穿繩口處不縫）

2.5cm
10cm

綁繩・流蘇的作法

6股線　90cm線3條

4cm

※所有線皆使用25號繡線

a.末端留下4cm，
以2股線打結。

c.穿過穿繩口後，將6股線編的
長度11cm的辮子，連同將兩
組辮子連結的共8條線束，
結合起來打結。
（參照右圖d.）

b.以三股辮方式編約長度30cm，
編好後同樣以a方式打結。

c

1.5cm

d.以2股線繞2圈後
打結。線頭藏入
內側剪齊。

4
cm

3805
籃網編繡　3806
（3股）

輪廓繡（3股）

3805

回針繡

MIYUKI { K 384　3.5mm
白色珍珠 { K 381　2mm

Yuzuko 的插圖刺繡

找到可愛的插圖時，想不想試著做成結合刺繡的設計呢？
感受平面與刺繡部分凹凸不同的樂趣，女孩、貓咪、餐盤等圖案可以用油性筆描繪。
以此頁為參考，試著把孩子們的畫與刺繡結合看看吧！

甜點

插圖…Yuzuko　刺繡製作…西須久子
刺繡作法…請參照p.55
布提供／越前屋

・皆使用DMC25號繡線
　若無特別指定一律使用2股線進行刺繡
・針法若無特別指定，一律使用回針繡

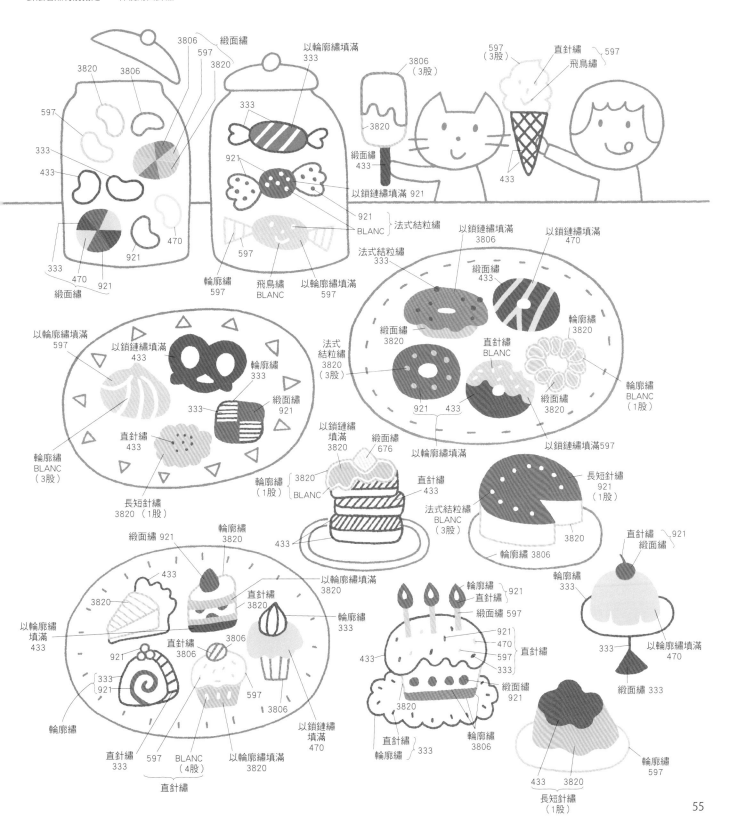

55

聖誕花圈

插圖…Yuzuko　刺繡製作…西須久子
刺繡作法…請參照p.57
布提供／越前屋

・皆使用DMC繡線
　若無特別指定一律使用25號2股線，Diamant（D）使用1股線進行刺繡。
・針法若無特別指定，一律使用輪廓繡。

以輪廓繡填滿　D3852
法式結粒繡

Joyeux Noël

以釘線繡填滿
986
以2股線縫渡線 以1股線釘縫

長短針繡 349（1股）
緞面繡 349（1股）

法式結粒繡
3810

回針繡
3810
D3852
D321

以輪廓繡填滿
D321
D3852

3810

回針繡
緞面繡 } 986

釘線繡
緞面繡 } D3852

以輪廓繡填滿
B5200

緞面繡
349

以輪廓繡填滿
986

以輪廓繡填滿
349
緞面繡 3810
349

回針繡
728
728
349

D3852（2股）
平針繡

飛鳥繡
D699

以輪廓繡填滿
D321
緞面繡 349
728
以輪廓繡填滿 728

3810
3810

飛鳥繡
D699
緞面繡 3810
平針繡 D321

以鎖鏈繡填滿
回針繡

以釘線繡填滿
349
以2股線縫渡線
以1股線釘縫

回針繡
349

回針繡
728
長短針繡

直針繡 3810
回針繡 3810

以輪廓繡填滿 D321
D321
D699

直針繡
D3852

法式結粒繡
回針繡 } D3852

以釘線繡填滿
D321
3810

緞面繡
3810

飛鳥繡
D3852

以釘線繡填滿
D321

緞面繡
D3852

長短針繡
3810
（1股）

緞面繡
D321

直針繡
728
回針繡

緞面繡
回針繡 } 3810
緞面繡
986
長短針繡
986
（1股）

回針繡
緞面繡 } 3810
3810
3810

D3852

728

728

349

緞面繡
349

長短針繡
728（1股）

D3852

D3852

D699

3810

可愛紙膠帶

插圖…Yuzuko　刺繡製作…西須久子
刺繡作法…請參照 p.59
布提供／越前屋

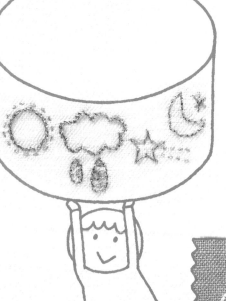

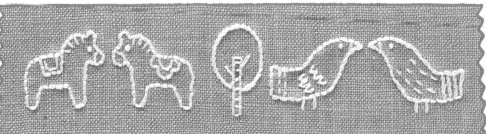

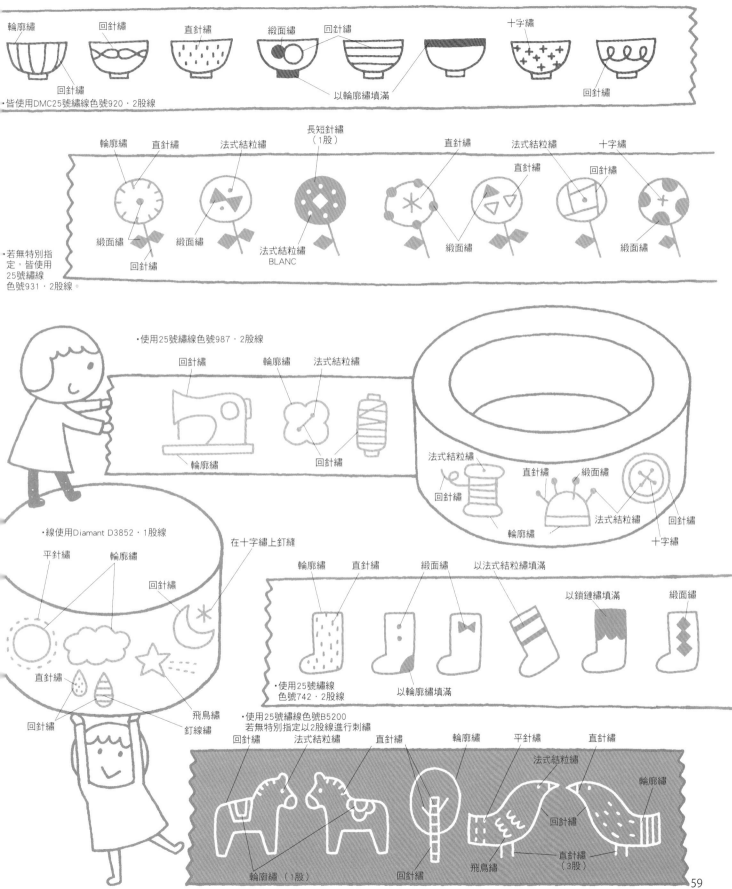

・皆使用DMC繡線

輪廓繡　回針繡　直針繡　緞面繡　回針繡　　　　　　十字繡

回針繡　　　　　　　　　　　　以輪廓繡填滿　　　　　　　　回針繡

・皆使用DMC25號繡線色號920・2股線

輪廓繡　直針繡　法式結粒繡　長短針繡（1股）　　　直針繡　法式結粒繡　十字繡

　　　　　　　　　　　　　　　　　　　　　直針繡　　　回針繡

緞面繡　　緞面繡　法式結粒繡　緞面繡　　　　　　緞面繡

回針繡　　　　BLANC

・若無特別指定，皆使用25號繡線色號931・2股線。

・使用25號繡線色號987・2股線

回針繡　輪廓繡　法式結粒繡

輪廓繡　　　回針繡

法式結粒繡

回針繡　　直針繡　緞面繡

輪廓繡　法式結粒繡　回針繡

十字繡

・線使用Diamant D3852・1股線

平針繡　輪廓繡

回針繡

直針繡

回針繡　　　　飛鳥繡

釘線繡

在十字繡上釘縫

輪廓繡　直針繡　緞面繡　以法式結粒繡填滿

以鎖鏈繡填滿　緞面繡

・使用25號繡線色號742・2股線

以輪廓繡填滿

・使用25號繡線色號B5200若無特別指定以2股線進行刺繡

回針繡　法式結粒繡　直針繡　輪廓繡　平針繡　直針繡

法式結粒繡

輪廓繡

回針繡

輪廓繡（1股）　　回針繡　　飛鳥繡　直針繡（3股）

十字繡的基礎

十字繡是一種需要一邊數算布料的織紋，一邊以「X」字形繡縫出圖案的針法。

繡得漂亮的訣竅在於，形成十字的上方繡線都必須嚴守同一方向。

運針時與其一針一口氣完成 1 出 1 入，不如一針一針的往正面「出針」，再往背面「入針」，如此重覆，成品會更均勻漂亮。

繡縫時線不要拉太緊，盡量以同樣力道繡縫。

材料與用具

＊布與針

選布時，最好挑選橫線與縱線均一，容易數算布目的布料。Aida 和 Java 都很容易數算布目，最適合用來做十字繡。

Java Cloth（中格）（約 35 x 35 目）

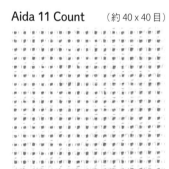

Java Cloth（細格）（約 45 x 45 目）

Aida 11 Count　　（約 40 x 40 目）

Aida 14 Count　　（約 55 x 55 目）

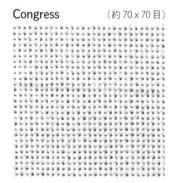

Aida 18 Count　　（約 70 x 70 目）

Congress　　（約 70 x 70 目）

十字繡使用尖端鈍圓的專用針。畫在方格紙上的圖案，一格以一個「X」字表示。布目的大小有多種尺寸，也會隨品牌不同。購買時布料上標記的數字，指的是 10cm 見方的布料上總共有多少方格。例如，DMC 的 Aida 14 格（55 x 55 目）布，表示 10cm 見方的布上不管縱向、橫向都有 55 格。布目粗的布，縱向、橫向 1 格會繡縫圖案上的一個「X」。但如果是布目較密的麻布，有時會以縱向、橫向 2 格為 1 目，繡縫一個「X」。此外，在布目比較密的布料上做十字繡時，可以利用輔助網及水溶性紙襯會很方便。

（實物大小）

Clover
十字繡針

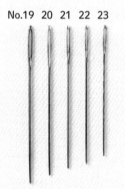

DMC

針的選用參考

針號	25 號刺繡線	布的厚度
19 號	6 股以上	Java（粗格、中格）
20 號	6 股	Java（中格）
21 號	5 ～ 6 股	Java（細格）
22 號	3 ～ 5 股	Aida 11、14 Count
23 號	2 ～ 3 股	Aida 18 Count、Congress

※ 針號依據 Clover 可樂牌刺繡針

※ 5 號刺繡線建議使用 19~20 號針

＊作品的尺寸會隨布目的大小改變

下面的照片是在不同目數的布料上繡縫同樣圖案的示意圖。數字越大表示布目越密，做出的成品圖案也越小。

（照片為實物大小）

Java Cloth（中格）	Aida 11 Count	Aida 14 Count	Aida 18 Count
（35 x 35 目）6 股線	（40 x 40 目）4 股線	（55 x 55 目）3 股線	（70 x 70 目）2 股線

＊製作十字繡時方便的道具

在不容易數算布目的布料上做十字繡時，運用輔助網及水溶性紙襯會有很大幫助。

【輔助網的使用方法】

網上每 20 目縫入一道藍色線，讓布目的數算更方便。輔助網是格狀的帆布，使用時剪下一塊比圖案大一倍的尺寸，將周圍疏縫固定在布料上來使用。這時要特別注意擺放的方位，格目是否歪斜。將輔助網疏縫到布料上確認不會有位移以後，便可以在輔助網上開始刺繡。想要繡縫的漂亮，訣竅就在於因為輔助網也有些厚度，抽針時要稍微拉緊一些。以及不時翻到背面確認是否有從同一個格子出針。繡好了以後，將輔助網的線一根一根耐心地取下便完成了。

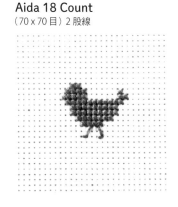

（實物大小）

輔助網
（DMC）25 Count
（100 x 100 目）

【水溶性紙襯的使用方法】

水溶性紙襯是一種格狀的水溶性紙片，可以貼在布上後進行刺繡，繡好後放入水中溶解去除即可，使用方法非常簡單。想要在洋裝或包包一類部位進行單點刺繡時，使用這種紙襯非常方便。剪下一塊比圖案大一倍尺寸的紙襯，撕下背膠貼在布上，就能有格目基準進行刺繡。與使用輔助網時一樣，刺繡時要不時翻到背面確認是否由同一個格子出針。繡好以後，放入水中清洗，將紙襯溶解。

水溶性紙襯
（DMC）11 Count
（約 40 x 40 目）

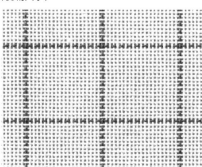

（實物大小）

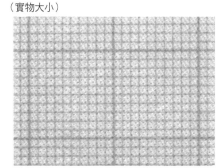

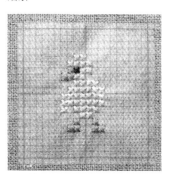

1 剪一塊比圖案大一倍的水溶性紙襯貼在布上，然後開始刺繡。

2 泡水清洗（照片為一半泡水時的狀態）。

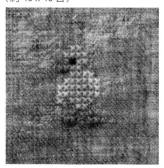

3 整個泡入水中，紙襯便慢慢溶解不見了。

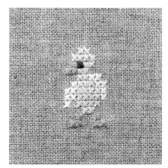

4 完全溶解去除後晾乾，整燙後便完成了。

【十字繡針法】

十字繡

＊橫向往返繡縫法

連續繡縫同樣顏色，或繡縫大面積圖案時，最普遍的針法。

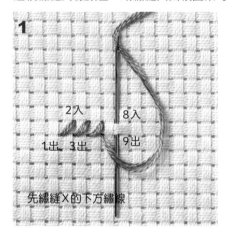

1

2入　8入
1出　3出　9出

先繡縫X的下方繡線

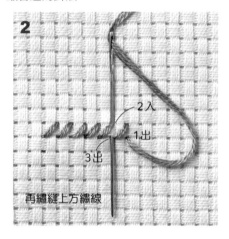

2

2入
1出
3出

再繡縫上方繡線

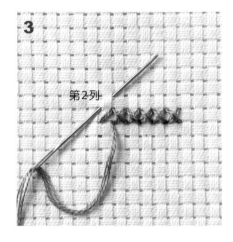

3

第2列

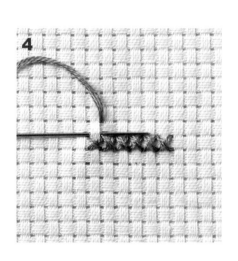

4

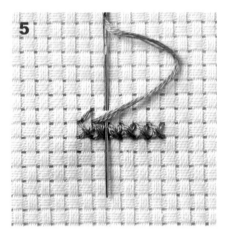

5

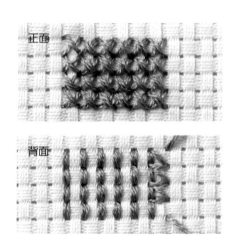

正面

背面

十字繡針法的變化：　**雙十字針法**

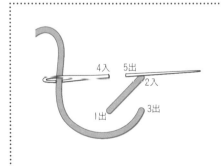

4入　5出
2入
1出　3出

1 完成一個十字之後，由5出針。

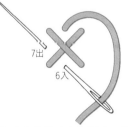

7出
6入

2 在先前的十字上再疊一針

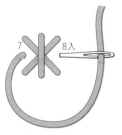

7　8入

3 完成第二個十字

4 完成

＊一格一格繡縫法

圖案形狀多變或只需單點繡一格時適合的針法。

縱向推進的繡法

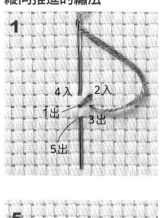

4入　2入
1出
3出
5出

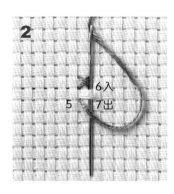

6入
5　7出

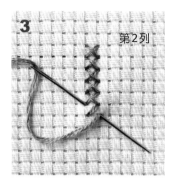

第2列

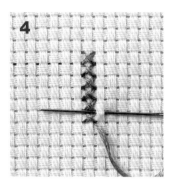

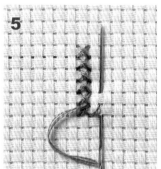

正面

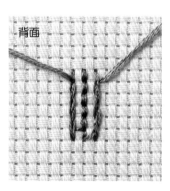

背面

斜向推進的繡法

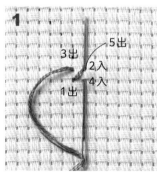

5出
3出
2入
4入
1出

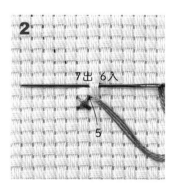

7出　6入

5

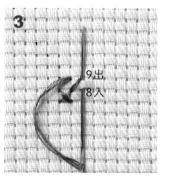

9出
8入

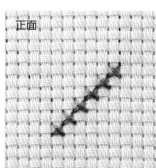

正面

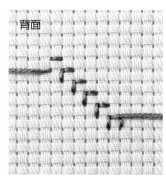

背面

半針繡法（Holbein Stitch）

Holbein 針法又稱為半針繡法，與十字繡法搭配用於表現圖案的輪廓，或想要凸顯界線時一種經常使用的針法。外觀與回針繡相似，但繡法接近平針繡，往同一方向大幅度前進以後，再反方向繡回來。想要成品漂亮返回時的運針，要維持與先前前進時的繡紋同樣方向是要點。另外，

與回針繡最大的差異，是回針繡時背面的線因為重疊會有厚度，Holbein 針法則正面與背面外觀皆同。

直線推進的繡法

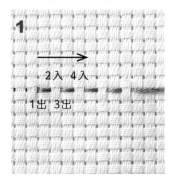

1
2入 4入
1出 3出

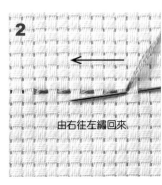

2
由右往左繡回來

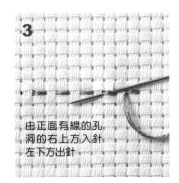

3
由正面有線的孔洞的右上方入針左下方出針

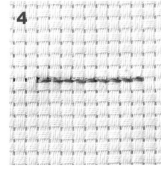

4

斜向推進的繡法

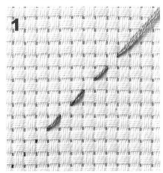

1

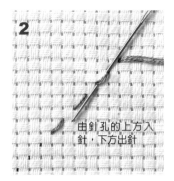

2
由針孔的上方入針，下方出針

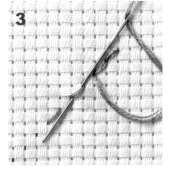

3

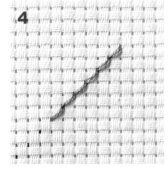

4

梯狀推進的繡法

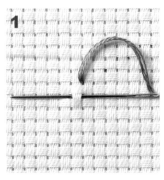

1

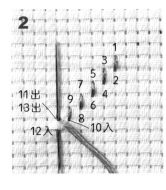

2
1
3
5
7
9
11出
13出
2
4
6
8
12入
10入

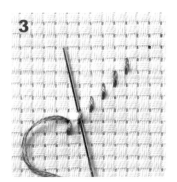

3

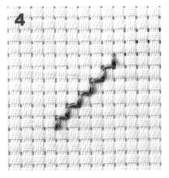

4

卡片

聖誕節給親友們寄一張自己用心手作的賀卡吧！
製作時需要一邊數算布目的十字繡，非常適合推薦給刺繡新手。

設計…大澤典子
刺繡圖案…請參照p.67
布提供／DMC

製作的重點

請參照p.67的圖案，在18 Count（70 x 70目）的十
字繡布上進行刺繡。準備2張裁剪成明信片尺寸2倍
大小的色紙，1張配合刺繡尺寸割開窗口。將刺繡
布夾在中間，用雙面膠將2張色紙黏合。內側再夾1
張尺寸小一些，用來寫祝福的白紙。

聖誕節

設計‥大澤典子　刺繡作法…請參照p.67
布提供／DMC.

•若無特別指定，線使用DMC25號繡線，以2股線進行刺繡。

Legend:
- · = B5200
- ✖ = 304
- ═ = 3072
- V = 3813
- N = 927
- ▲ = 3863
- T = 3864
- O = 3856
- ★ = 924
- ■ = 3799
- ∥ = 3823
- ◑ = 841
- ≥ = 842
- □ = 977
- ⊟ = 3827
- ╱ = 3866
- X = 3752
- ◣ = 948
- ✔ = 760
- ◢ = 761
- B = 3713
- Ω = 3855
- △ = 3822
- ◎ = 931

67

愛麗絲夢遊仙境

設計…大澤典子　刺繡作法…請參照p.69
布提供／DMC

•若無特別指定，線使用DMC25號繡線，以2股線進行刺繡。

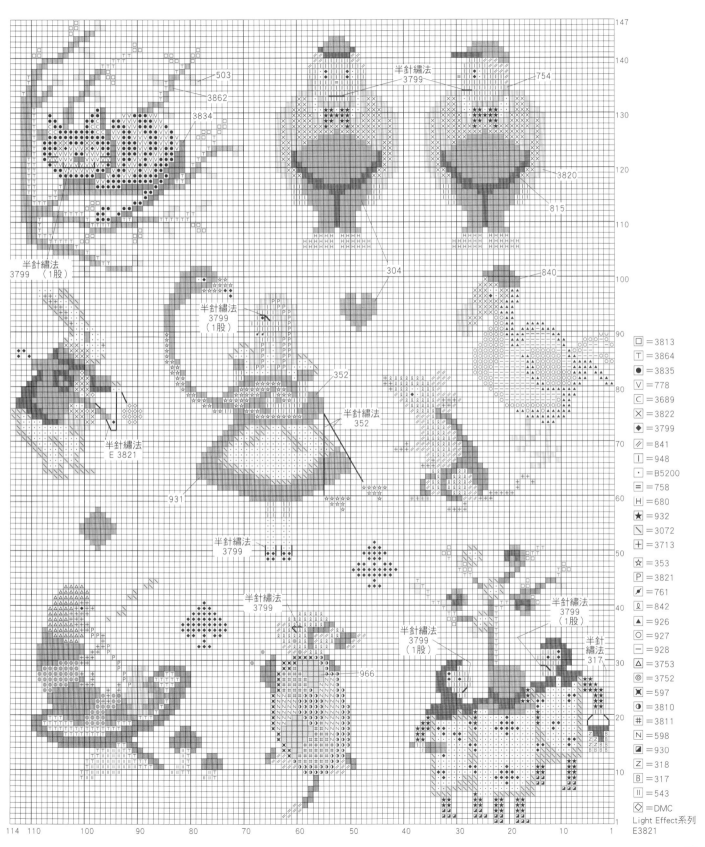

半針繡法 3799

半針繡法 3799（1股）

半針繡法 E 3821

半針繡法 3799（1股）

半針繡法 352

半針繡法 3799

半針繡法 3799

半針繡法 3799（1股）

半針繡法 3799（1股）

半針繡法 317

503
3862
3834
754
3820
815
304
840
352
931
966
317

	= 3813
T	= 3864
●	= 3835
V	= 778
C	= 3689
X	= 3822
◆	= 3799
⁄	= 841
I	= 948
·	= B5200
=	= 758
H	= 680
★	= 932
＼	= 3072
＋	= 3713
☆	= 353
P	= 3821
⚡	= 761
᠑	= 842
▲	= 926
○	= 927
−	= 928
△	= 3753
◎	= 3752
✖	= 597
◑	= 3810
#	= 3811
N	= 598
◪	= 930
Z	= 318
B	= 317
‖	= 543
◇	= DMC Light Effect系列 E3821

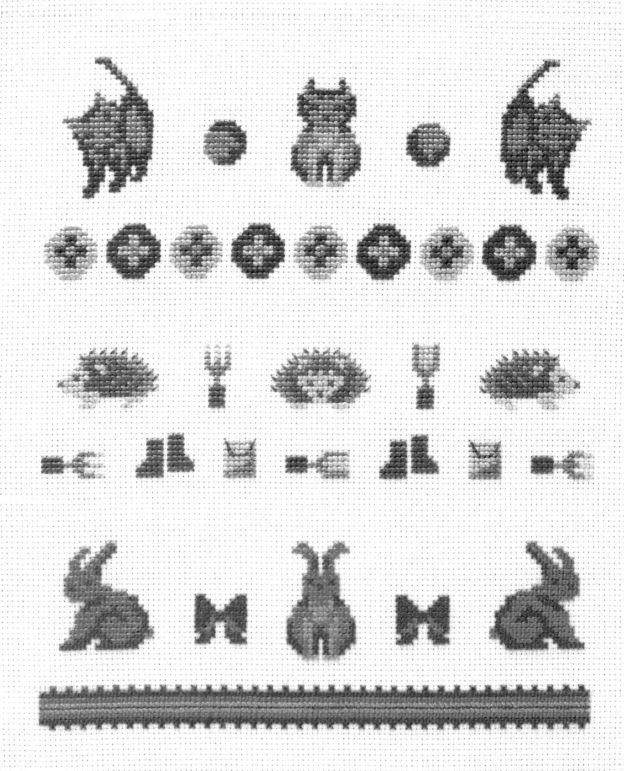

半針繡法
640

半針繡法
640

半針繡法
3731

・線使用DMC25號繡線，以2股線進行刺繡。

▨ =931　　☒ =3752　　▲ =642　　▨ =3731　　◯ =3354

● =932　　▨ =640　　❙ =644　　◼ =3733

薔薇

設計…笹尾多恵　刺繍作法…請參照p.74
布提供／DMC

各種蕈菇

設計…笹尾多惠　刺繡作法…請參照 p.75
布提供／DMC

・線使用DMC25號繡線，以2股線進行刺繡。

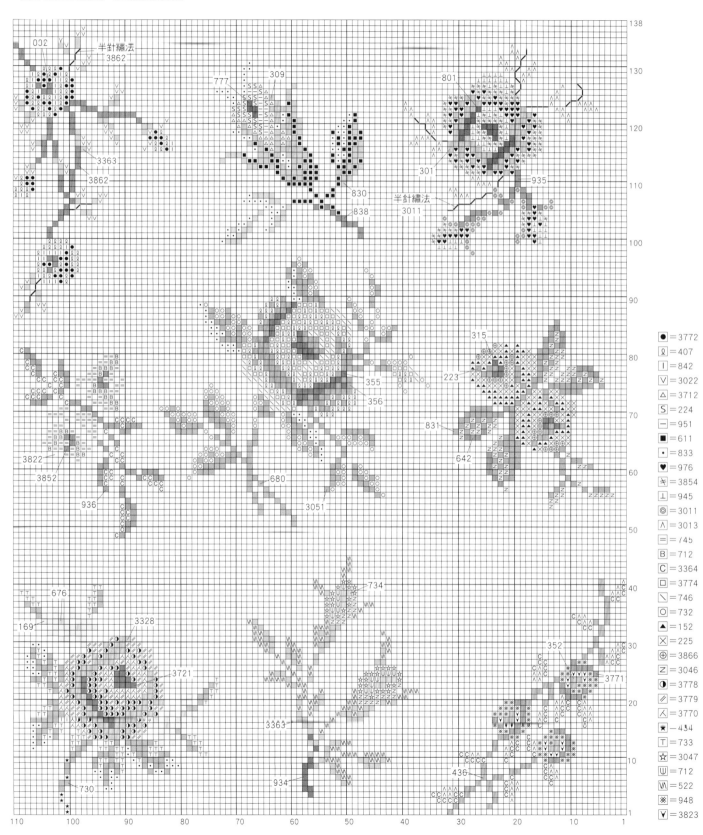

•線使用DMC25號繡線，以2股線進行刺繡。

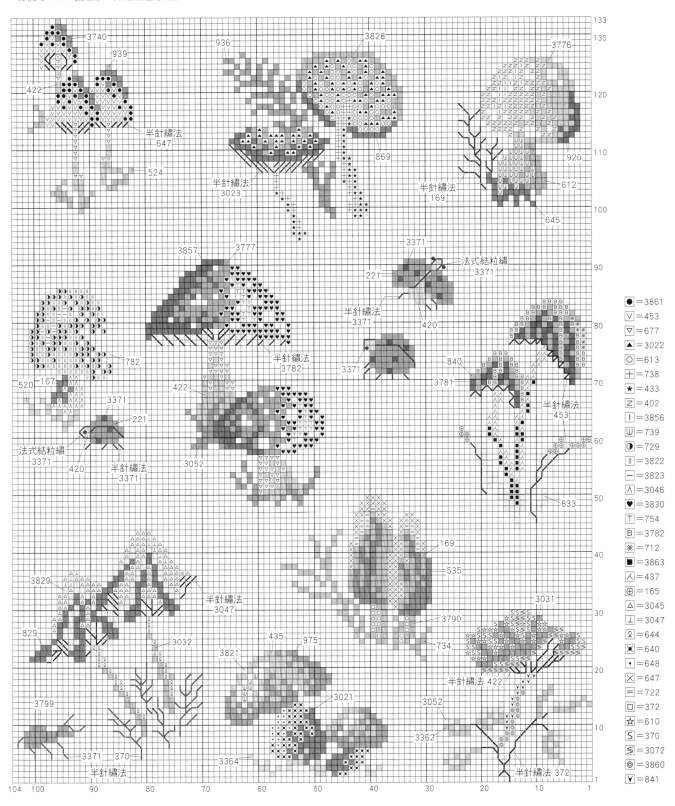

●	= 3861
V	= 453
▽	= 677
▲	= 3022
O	= 613
⊞	= 738
★	= 433
Z	= 402
I	= 3856
U	= 739
◖	= 729
‖	= 3822
−	= 3823
∧	= 3046
♥	= 3830
T	= 754
B	= 3782
✳	= 712
■	= 3863
⋏	= 437
⊕	= 165
△	= 3045
⊥	= 3047
℺	= 644
✖	= 640
•	= 648
✕	= 647
=	= 722
▢	= 372
☆	= 610
S	= 370
⩘	= 3072
◎	= 3860
⩔	= 841

十字繡英文字母

設計…大澤典子　刺繡作法…請參照p.77
布提供／DMC

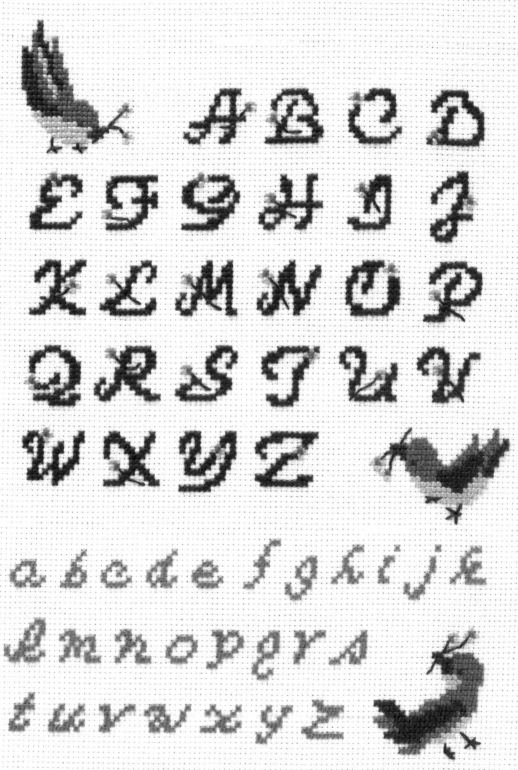

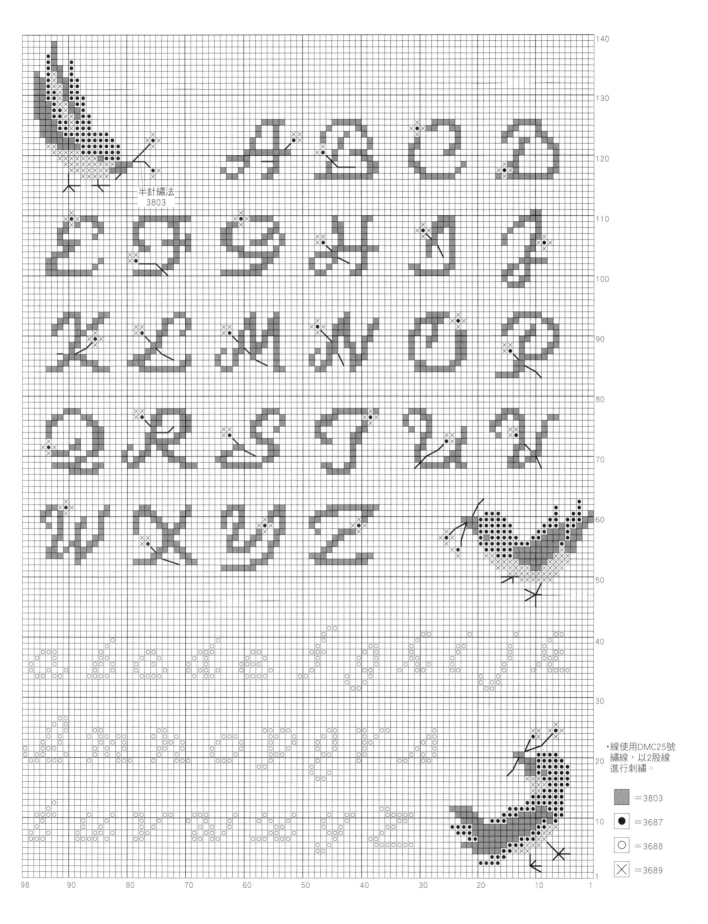

半針繡法
3803

・線使用DMC25號
繡線，以2股線
進行刺繡。

▨ ＝3803
● ＝3687
○ ＝3688
☒ ＝3689

立體浮雕刺繡的基礎

立體浮雕刺繡是一種17世紀在英國流行的刺繡手法。運用纏繞渡線，或在內裏塞入棉花使刺繡的模樣變立體。

纏繞的方式運用了法式刺繡當中的針法。

纏繞渡線時要小心不要把線分割開來。不容易纏繞時，可以改成用尖端鈍圓的十字繡針，或是由針孔一側來勾纏渡線會較容易。

可由針孔側來勾纏渡線。

【針法介紹】

Raised darning Stitch
立體織補繡

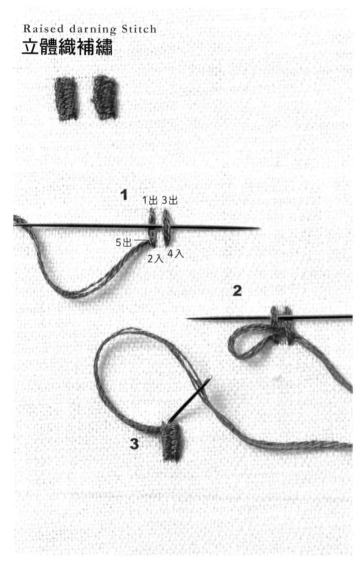

1出　3出
5出
2入　4入
1
2
3

1　做出一等間隔的直針繡，然後勾纏住一道線。
2　不要勾到布，輪流勾纏左右兩側的線。
3　最後由邊角處入針到背面。

Raised leaf Stitch
立體葉形繡

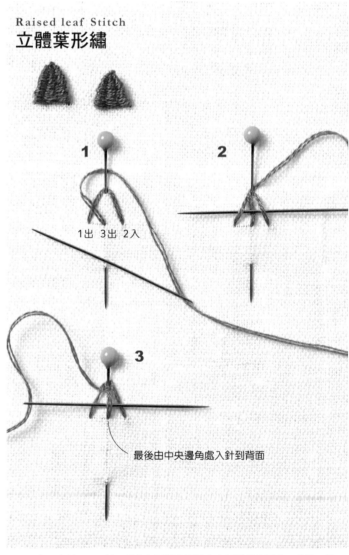

1　**2**
1出　3出　2入
3
最後由中央邊角處入針到背面

1　由1出針，2入針，然後在兩針之間的中央延伸線上固定一珠針，將線繞過珠針。3出針的位置在1與2的正中間，然後同樣將線繞過珠針。
2　穿過左右兩條渡線到左側。
3　穿過中央的線回到右側。重複2與3。

Raised outline Stitch
立體輪廓繡

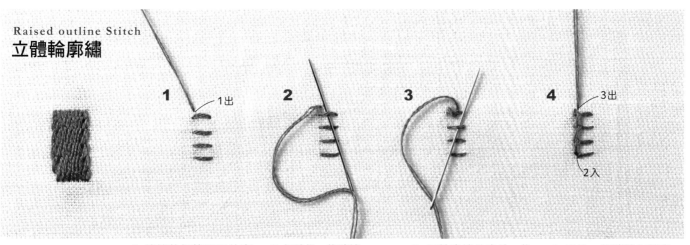

1 繡縫數個等間隔的直針繡，然後由左上方出針。

2 勾纏住一條渡線。

3 以輪廓繡的方法，往下一次勾纏住一條渡線。

4 最後一條渡線勾纏完畢後由左下方入針。然後再次由左上方出針，以同樣方式繼續纏繞。

Raised chain Stitch
立體鎖鏈繡

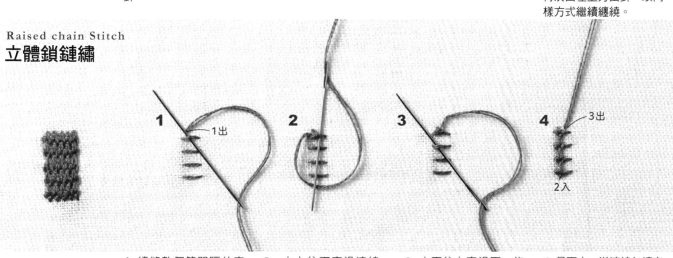

1 繡縫數個等間隔的直針繡之後由左上方出針，然後由下方往上勾纏住第一道渡線。

2 由上往下穿過渡線，然後以鎖鏈繡的方法壓住線後往下拉緊。

3 由下往上穿過下一條渡線，然後重複步驟 **2**。

4 最下方一道渡線勾纏完畢以後，由左下方入針，再由左上方出針，繼續以同樣方式往下纏繞。

Raised buttonhole Stitch
立體釦眼繡

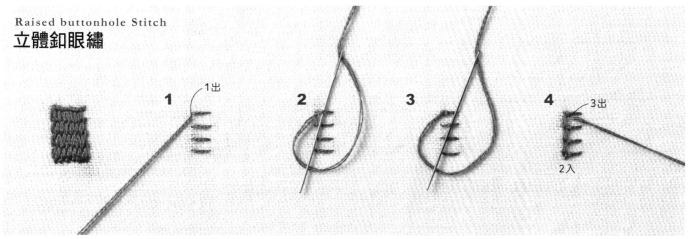

1 繡縫數個等間隔的直針繡之後，由第一道渡線的左下方出針。

2 以由上往下穿過渡線的方式，一道一道地往下勾纏。

3 勾纏下一道渡線時也要由上往下，然後以釦眼繡的方式，針疊在線上方往下抽針。

4 最下方一道渡線勾纏完畢以後，由左下方入針，再由第一道渡線的下方出針，繼續以同樣方式往下纏繞。

79

Raised french knot
立體法式結粒繡

網紗

1

2

3

Ceylon Stitch
錫蘭繡

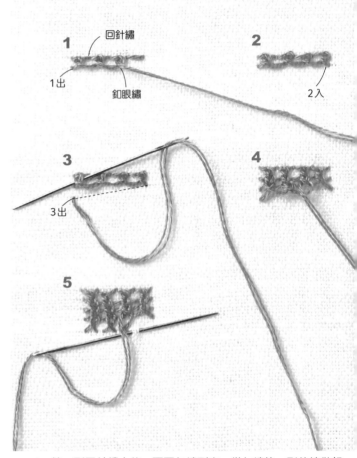

1　回針繡

1出　　　釦眼繡

2

2入

3

3出

4

5

1　將圖案移轉到一塊薄的網紗上。
2　在比圖案大一點的範圍內繡滿法式結粒繡，然後在周圍疏縫一圈後，剪去多餘的布。
3　背面塞入棉花，拉緊疏縫線，將紗布邊緣塞入內側，用捲邊縫的方式固定在布料上。

1　縫一列回針繡之後，不要勾纏到布，僅勾纏第一列的線做釦眼繡。
2　在第一列的末端下方入針。
3　由左下方出針，如圖示僅勾纏前段的線往右纏繞。
4　每一段都重新回到左下方出針，勾纏前一段的線纏繞到右側。
5　最後一段纏繞時則需勾縫到布料以固定刺繡。

Buttonhole Stitch
釦眼繡

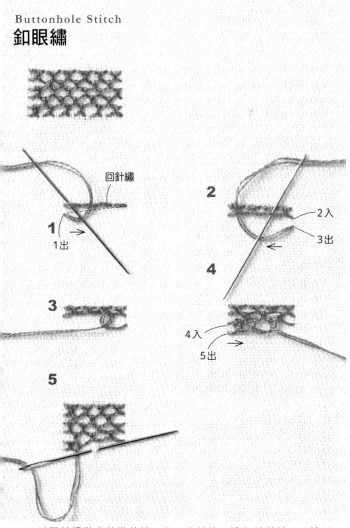

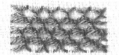

Corded buttonhole Stitch
包芯釦眼繡

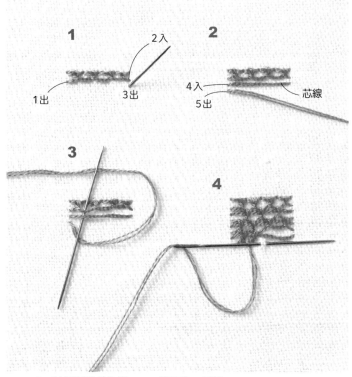

1 以回針繡做出基準芯線，在 1 出針後一邊勾纏芯線，一邊以釦眼繡的方式往右纏繞過去。

2 第一列到最後，由 2 入針，由 3 出針，一邊勾纏前一列線，一邊以釦眼繡的方式往左纏繞過去。

3 繼續以釦眼繡方式纏繞回來。

4 不要勾縫到布，往右以釦眼繡方式繡縫過去。

5 最後一層纏繞時要勾縫到布以固定刺繡。

1 以釦眼繡的步驟 **1**、**2** 纏出第一層線。

2 繡縫出一條芯線後，由左下方出針。

3 同時勾纏住前段的渡線與芯線，以釦眼繡的方式纏繞過去。

4 最後一層纏繞時要勾縫到布以固定刺繡。

塞入棉花的立體繡作法　　以釦眼繡為例

  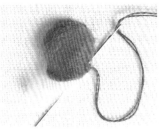 

※想要做出飽滿膨軟的感覺，可以適量塞入不織布及棉花後進行纏繞。

1 剪一個比圖案大一圈的不織布。

2 內面塞入棉花用捲邊縫（參照 p.95）固定在圖案的位置上。

3 由上方以指定針法進行纏繞，這裡的範例是釦眼繡。

各種立體的植物主題

設計…西須久子　刺繡作法…請參照p.83
布提供／越前屋

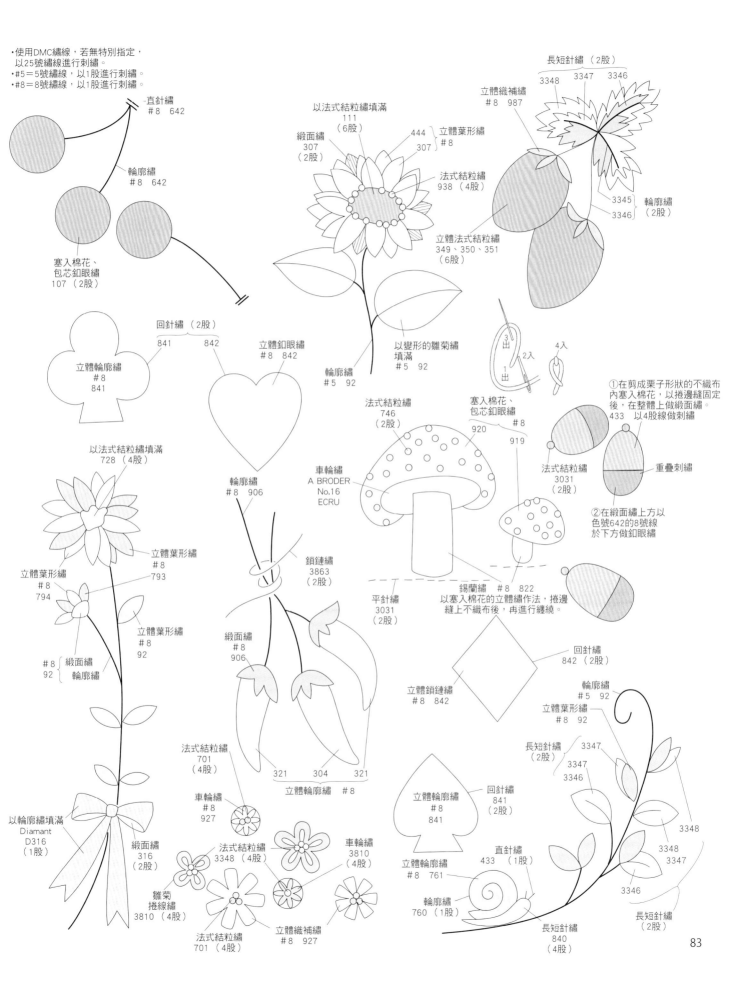

・使用DMC繡線，若無特別指定，
　以25號繡線進行刺繡。
・#5＝5號繡線，以1股進行刺繡。
・#8＝8號繡線，以1股進行刺繡。

直針繡
#8　642

輪廓繡
#8　642

塞入棉花、
包芯釦眼繡
107（2股）

回針繡（2股）
841　　842

立體輪廓繡
#8
841

立體釦眼繡
#8　842

以法式結粒繡填滿
728（4股）

立體葉形繡
#8
794

立體葉形繡
#8
793

立體葉形繡
#8
92

#8
92
綴面繡
輪廓繡

以輪廓繡填滿
Diamant
D316
（1股）

綴面繡
316
（2股）

法式結粒繡
701
（4股）

車輪繡
#8
927

法式結粒繡
3348（4股）

雛菊
捲線繡
3810（4股）

法式結粒繡
701（4股）

立體織補繡
#8　927

以法式結粒繡填滿
111
（6股）

綴面繡
307
（2股）

444
307
立體葉形繡
#8

法式結粒繡
938（4股）

立體法式結粒繡
349、350、351
（6股）

以變形的雛菊繡
填滿
#5　92

輪廓繡
#5　92

輪廓繡
#8　906

鎖鏈繡
3863
（2股）

平針繡
3031
（2股）

綴面繡
#8
906

法式結粒繡
701
（4股）

321　304　321

立體輪廓繡　#8

車輪繡
3810
（4股）

車輪繡
A BRODER
No.16
ECRU

法式結粒繡
746
（2股）

塞入棉花、
包芯釦眼繡
#8
919

920

錫蘭繡　#8　822
以塞入棉花的立體繡作法，捲邊
縫上不織布後，再進行纏繞。

長短針繡（2股）
3348　3347　3346

立體織補繡
#8　987

3345
3346

輪廓繡
（2股）

出　出
1　3

2入　4入
1
出

①在剪成栗子形狀的不織布
內塞入棉花，以捲邊縫固定
後，在整體上做綴面繡。
433　以4股線做刺繡

法式結粒繡
3031
（2股）

重疊刺繡

②在綴面繡上方以
色號642的8號線
於下方做釦眼繡

回針繡
842（2股）

立體鎖鏈繡
#8　842

立體輪廓繡
#8
841

立體輪廓繡
#8　761

輪廓繡
760（1股）

直針繡
433
（1股）

回針繡
841
（2股）

輪廓繡
#5　92

立體葉形繡
#8　92

長短針繡
（2股）
3347
3347
3346

3348
3348
3347

3346

長短針繡
（2股）

長短針繡
840
（4股）

緞帶刺繡的基礎

緞帶刺繡的針法與法式刺繡幾乎相同，但更加善用緞帶柔軟蓬鬆的質感與亮麗的光澤。因此，即使針法名稱相同，為了避免緞帶扭轉，有時會直接由緞帶上方戳刺入針。

材料與用具

刺繡專用的緞帶有合成纖維材質 3.5mm 寬的細版，也有絲質的 4mm 寬的較寬款式。一綑約 5m 長，適合少量製作。也有漸層染色的緞帶，用於表現花與葉片的細微色彩變化時非常方便，可以依據不同用途進行選擇。

緞帶刺繡不適合繡縫在薄軟的布料上，因為緞帶穿過的孔洞會擴大，看來較不美觀。稍微厚一點的色丁布、塔夫綢、天鵝絨等布料都很容易繡縫緞帶，較為合適。針使用的是針孔寬大，尖端尖銳的緞帶刺繡專用針，或 Chenille 縫針。粗細請依據緞帶的寬窄進行選擇。

緞帶提供／MOKUBA

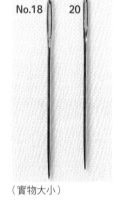

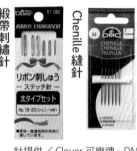

針提供／Clover 可樂牌、DMC

（實物大小）

＊緞帶的穿線方法

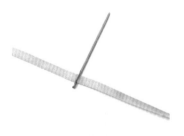

1 緞帶剪下約 40cm，將兩端斜剪以後，一端穿過針孔。

2 離尖端 1~2cm 處將針戳入，然後緞帶往箭頭方向抽拉。

3 如此一來，緞帶便固定在針孔上。

4 緞帶的另一端打結。

＊繡好後如何收針

（背面）

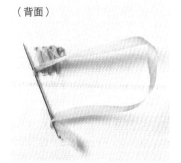

1 緞帶在針上纏繞一圈以後，沒有任何縫隙的壓緊針與緞帶根部，之後抽針。

2 在根部打好結的狀態。

3 穿過緞帶下方，藏入 1~2cm。

4 末端留下 1cm，斜向剪去多餘的緞帶。

【針法介紹】

Straight Stitch
直針繡

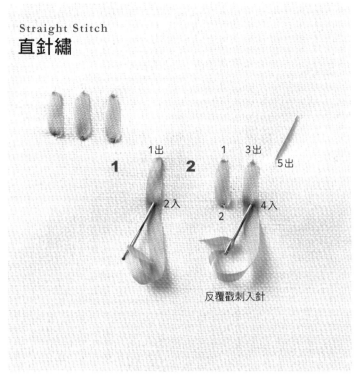

1 由 1 出針，2 入針時由緞帶上方戳刺進去。
2 反覆由緞帶上方戳刺入針。

Satin Stitch
緞面繡

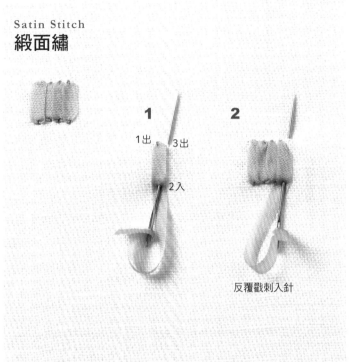

1 由 1 出針，2 入針時由緞帶上方搓刺進去。
2 沒有縫隙地並排繡紋過去。

Outline Stitch
輪廓繡（粗）

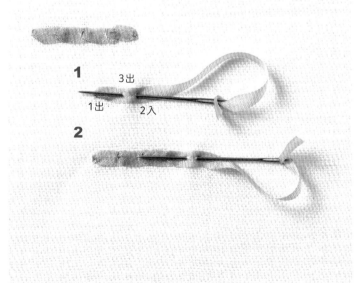

1 由 1 出針，2 入針時由緞帶上方戳刺進去。
2 反覆由緞帶上戳刺入針。

Outline Stitch
輪廓繡（細）

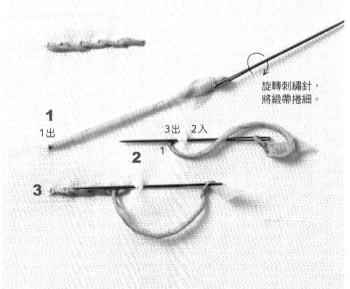

1 旋轉刺繡針，將緞帶捲細後再繼續刺繡。
2 在布料上由 2 入針，由 3 出針。
3 反覆同樣的動作。

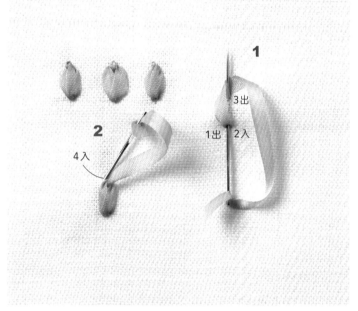

Lazy daisy Stitch
雛菊繡

1 由 1 出針，再由 1 同樣位置入針，之後由 3 出針，將線繞過針。
2 用一段小的縫線固定收針。

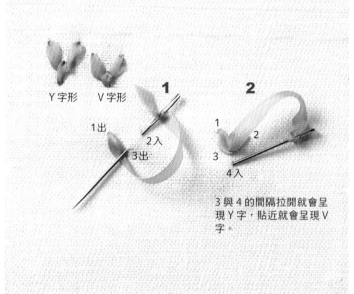

Fly Stitch
飛鳥繡

Y 字形　　V 字形

3 與 4 的間隔拉開就會呈現 Y 字，貼近就會呈現 V 字。

1 由 1 出針，2 入針 3 出針之後，緞帶繞過針。
2 由 4 入針。3 與 4 的間隔拉開便形成 Y 字，貼近便形成 V 字。

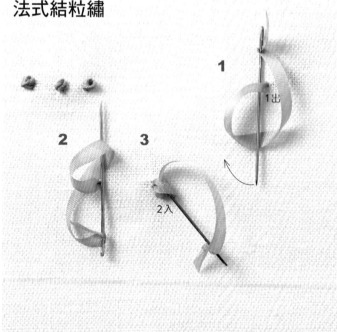

French knot
法式結粒繡

1 由 1 出針，緞帶繞過針，針尖朝箭頭方向轉。
2 針尖朝上。
3 由 1 的邊緣入針，入針的同時壓住根部。

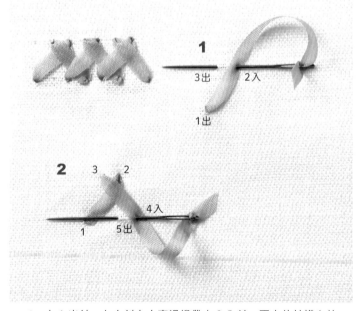

Herringbone Stitch
人字繡

1 由 1 出針，在右斜上方穿過緞帶由 2 入針，再由位於橫向的 3 出針。
2 穿過緞帶由 4 入針，再由位於橫向的 5 出針，與 2、3 繡法相同。將間隔完全封閉的話，則成為閉口人字繡（請參照 p.15）。

Long and short Stitch
長短針繡

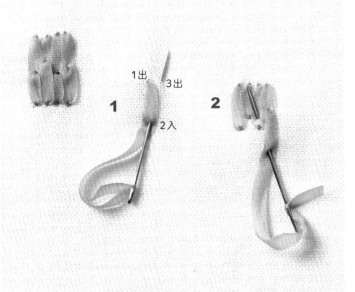

1　由1出針，2入針時戳刺過緞帶。
2　隨機地以長針或短針刺繡。

Taft Stitch
塔夫德繡

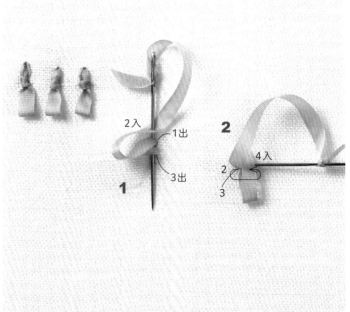

1　由1出針，決定好長度之後反折，在1的正上方戳刺過緞帶後入針，再由3出針。
2　像是要包捲住反折的緞帶一般，由4入針。

Spider web rose Stitch
蛛網玫瑰繡

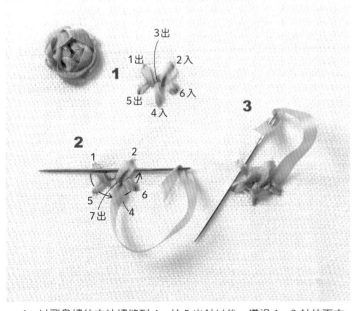

1　以飛鳥繡的方法繡縫到4，於5出針以後，鑽過1、2針的下方，再由6入針。
2　由中心點出針之後，於放射狀的5條緞帶，以一上一下的方式繞圈纏繞。
3　繼續以同樣方式一圈一圈纏繞。

Basket filling
籃網編繡

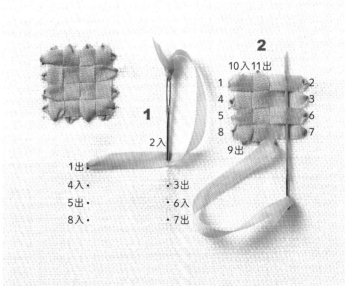

1　依據緞帶寬度橫向平行繡縫。入針時要戳刺過緞帶。
2　由9出針，縱向一上一下地穿過緞帶，編織成網格狀。

・若無特別指定，緞帶皆以MOKUBA Embroideryj緞帶1條做刺繡；線使用DMC繡線。
・緞帶若無特別指定皆使用4mm寬

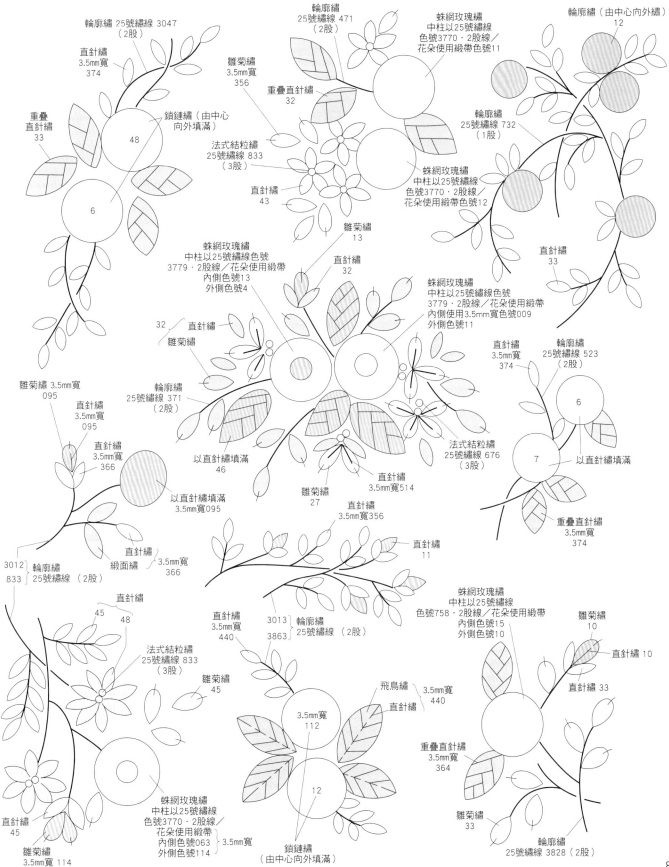

輪廓繡 25號繡線 3047
（2股）

直針繡
3.5mm寬
374

重疊
直針繡
33

鎖鏈繡（由中心
向外填滿）

48

6

輪廓繡
25號繡線 471
（2股）

雛菊繡
3.5mm寬
356

重疊直針繡
32

法式結粒繡
25號繡線 833
（3股）

直針繡
43

雛菊繡
13

蛛網玫瑰繡
中柱以25號繡線
色號3770．2股線／
花朵使用緞帶色號11

蛛網玫瑰繡
中柱以25號繡線
色號3770．2股線／
花朵使用緞帶色號12

輪廓繡（由中心向外繡）
12

輪廓繡
25號繡線 732
（1股）

直針繡
33

蛛網玫瑰繡
中柱以25號繡線色號
3779．2股線／花朵使用緞帶
內側色號13
外側色號4

直針繡
32

蛛網玫瑰繡
中柱以25號繡線色號
3779．2股線／花朵使用緞帶
內側使用3.5mm寬色號009
外側色號11

直針繡
3.5mm寬
374

輪廓繡
25號繡線 523
（2股）

32 直針繡

雛菊繡

輪廓繡
25號繡線 371
（2股）

以直針繡填滿
46

雛菊繡
27

直針繡
3.5mm寬514

法式結粒繡
25號繡線 676
（3股）

6

7

以直針繡填滿

重疊直針繡
3.5mm寬
374

雛菊繡 3.5mm寬
095

直針繡
3.5mm寬
095

直針繡
3.5mm寬
366

以直針繡填滿
3.5mm寬095

直針繡
緞面繡
3.5mm寬
366

直針繡
3.5mm寬356

直針繡
11

直針繡
3.5mm寬
356

3012
833 輪廓繡
25號繡線 （2股）

直針繡
45 48

法式結粒繡
25號繡線 833
（3股）

雛菊繡
45

直針繡
3.5mm寬
440

3013
3863 輪廓繡
25號繡線 （2股）

飛鳥繡
3.5mm寬
440
直針繡

蛛網玫瑰繡
中柱以25號繡線
色號758．2股線／花朵使用緞帶
內側色號15
外側色號10

雛菊繡
10

直針繡 10

直針繡 33

重疊直針繡
3.5mm寬
364

3.5mm寬
112

12

直針繡
45

雛菊繡
3.5mm寬 114

蛛網玫瑰繡
中柱以25號繡線
色號3770．2股線／
花朵使用緞帶
內側色號063
外側色號114 3.5mm寬

鎖鏈繡
（由中心向外填滿）

雛菊繡
33

輪廓繡
25號繡線 3828（2股）

庭院裡的花兒們　II

設計…笹尾多惠　刺繡作法…請參閱p.91
緞帶提供／MOKUBA

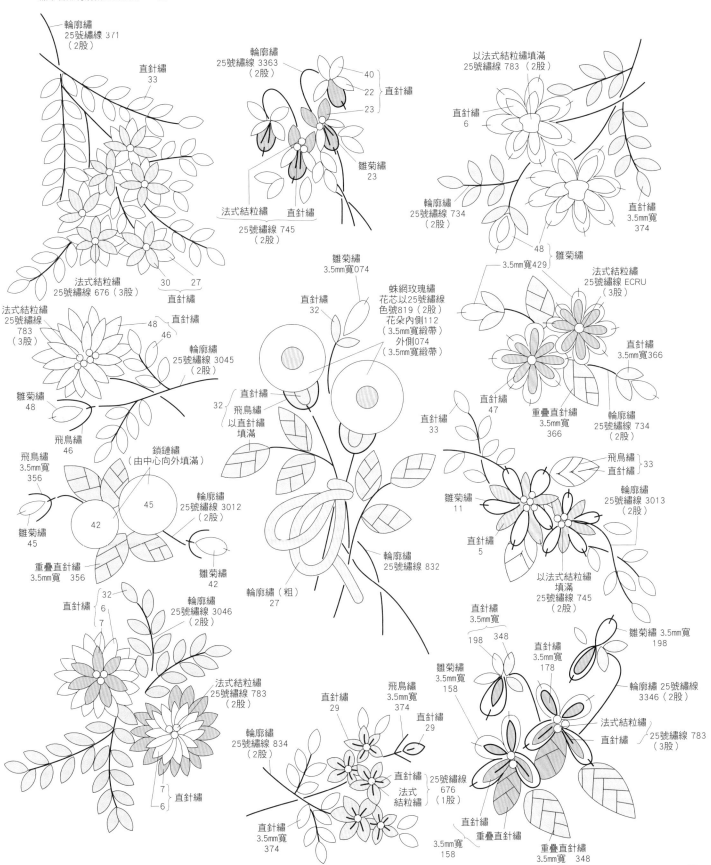

•若無特別指定，緞帶皆以MOKUBA Embroideryj緞帶1條做刺繡；線使用DMC繡線。
•緞帶若無特別指定皆使用4mm寬

輪廓繡
25號繡線 371
（2股）

直針繡
33

輪廓繡
25號繡線 3363
（2股）

40 ─┐
22 ─┤直針繡
23 ─┘

雛菊繡
23

以法式結粒繡填滿
25號繡線 783（2股）

直針繡
6

法式結粒繡
25號繡線 676（3股）

30　27
直針繡

法式結粒繡
25號繡線 745
（2股）

直針繡

輪廓繡
25號繡線 734
（2股）

48　雛菊繡

3.5mm寬429

法式結粒繡
25號繡線 ECRU
（3股）

直針繡
3.5mm寬
374

法式結粒繡
25號繡線
783
（3股）

48
46
直針繡

輪廓繡
25號繡線 3045
（2股）

雛菊繡
48

飛鳥繡
46

飛鳥繡
3.5mm寬
356

雛菊繡
45

重疊直針繡
3.5mm寬 356

鎖鏈繡
（由中心向外填滿）

45

42

輪廓繡
25號繡線 3012
（2股）

雛菊繡
42

直針繡
32
6
7

輪廓繡
25號繡線 3046
（2股）

法式結粒繡
25號繡線 783
（2股）

7
6
直針繡

雛菊繡
3.5mm寬074

直針繡
32

蛛網玫瑰繡
花芯以25號繡線
色號819（2股）
花朵內側112
（3.5mm寬緞帶）
外側074
（3.5mm寬緞帶）

直針繡
32
飛鳥繡
以直針繡
填滿

輪廓繡
25號繡線 832

輪廓繡（粗）
27

直針繡
33

直針繡
47

重疊直針繡
3.5mm寬
366

輪廓繡
25號繡線 734
（2股）

雛菊繡
11

直針繡
5

飛鳥繡
直針繡 33

輪廓繡
25號繡線 3013
（2股）

以法式結粒繡
填滿
25號繡線 745
（2股）

直針繡
3.5mm寬

198　348

直針繡
3.5mm寬
178

雛菊繡 3.5mm寬
198

雛菊繡
3.5mm寬
158

輪廓繡 25號繡線
3346（2股）

法式結粒繡

直針繡

25號繡線 783
（3股）

飛鳥繡
3.5mm寬
374

直針繡
29

直針繡
29

輪廓繡
25號繡線 834
（2股）

直針繡
25號繡線
676
（1股）

法式
結粒繡

直針繡
3.5mm寬
374

3.5mm寬
158

直針繡

重疊直針繡

重疊直針繡
3.5mm寬 348

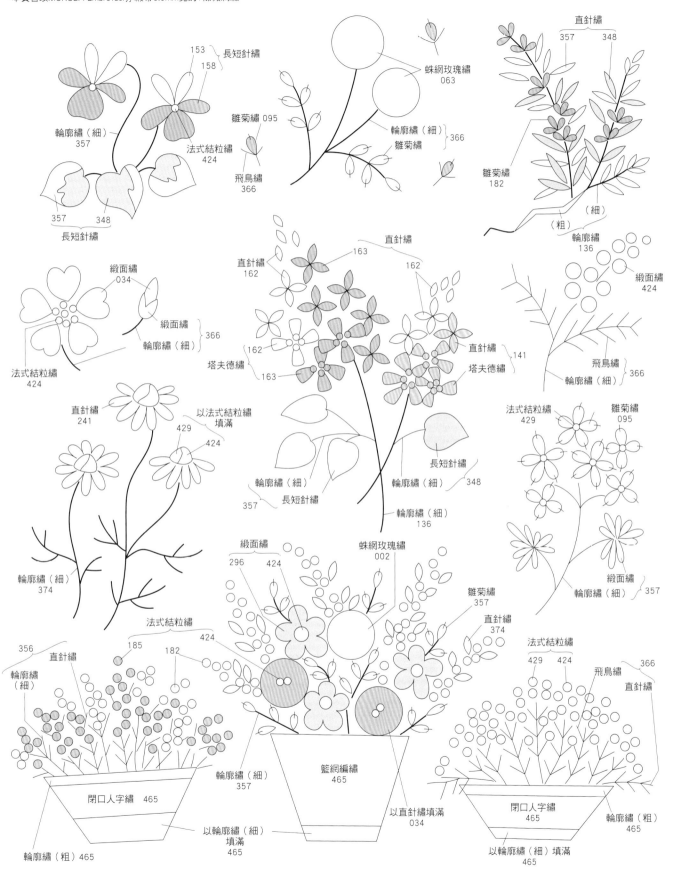

長短針繡
153
158

輪廓繡（細）
357

雛菊繡 095

法式結粒繡
424

飛鳥繡
366

357　348
長短針繡

蛛網玫瑰繡
063

輪廓繡（細）
雛菊繡
366

直針繡
357　348

雛菊繡
182

（細）
（粗）

輪廓繡
136

緞面繡
034

緞面繡
輪廓繡（細）
366

法式結粒繡
424

直針繡
162

直針繡
163

直針繡
162

162
塔夫德繡
163

直針繡
141
塔夫德繡

緞面繡
424

飛鳥繡
輪廓繡（細）
366

直針繡
241

以法式結粒繡
填滿
429
424

法式結粒繡
429

雛菊繡
095

輪廓繡（細）
374

輪廓繡（細）
357
長短針繡

長短針繡
348

輪廓繡（細）
136

緞面繡
輪廓繡（細）
357

緞面繡
296　424

蛛網玫瑰繡
002

雛菊繡
357

直針繡
374

法式結粒繡
429　424

飛鳥繡
366

直針繡

356
輪廓繡
（細）

直針繡
185
法式結粒繡
182
424

輪廓繡（細）
357

籃網編繡
465

閉口人字繡　465

以輪廓繡（細）
填滿
465

輪廓繡（粗）465

以直針繡填滿
034

閉口人字繡
465

以輪廓繡（細）填滿
465

輪廓繡（粗）
465

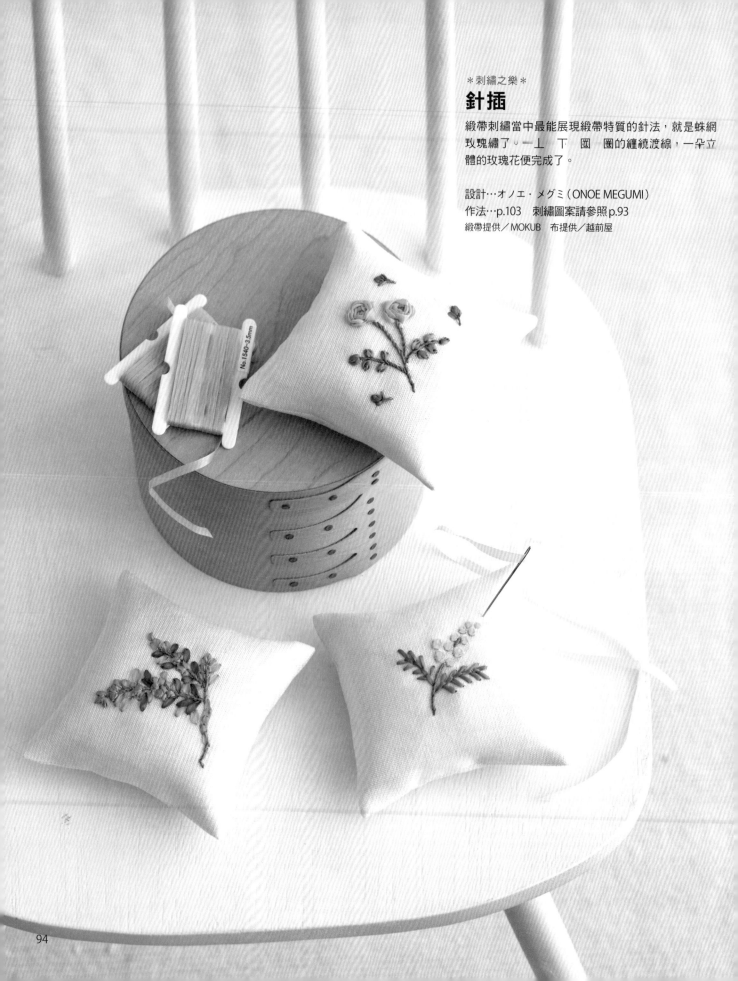

＊刺繡之樂＊

針插

緞帶刺繡當中最能展現緞帶特質的針法，就是蛛網玫瑰繡了。一上一下一圈一圈的纏繞渡線，一朵立體的玫瑰花便完成了。

設計…オノエ・メグミ（ONOE MEGUMI）
作法…p.103　刺繡圖案請參照p.93
緞帶提供／MOKUB　布提供／越前屋

貼布縫的基礎作法

覺得用刺繡將一塊面積填滿很辛苦時，建議可以用不織布或其他布料以貼布方式搭配。
面積較大的部分可以剪一塊不織布或其他布料，用捲邊縫或毛邊縫的方式固定於底布上。
臉部或裝飾等較細微的部分才用刺繡方式製作，短時間便能完成整個作品也比較簡單。
下面的範例使用的是不織布，若使用容易鬚邊的材料進行貼布時，可以預留一些布料往內摺。用熨斗燙壓過
後再固定上去，成品會更漂亮。

捲邊縫固定法

背面

1 剪一塊與圖案同樣大小的不織布，用珠針固定。如果是很大的面積，可以用線疏縫固定一下。

2 開始時，縫線末端打結，由背面出針。

3 針穿過底布，由不織布上方出針後，往邊緣垂直方向入針。

4 要注意縫線不可拉太緊。

5 最後入針到背面收針，打結剪去多餘縫線。

毛邊縫固定法

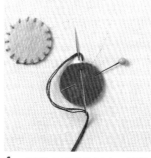

1 不織布用珠針固定，縫線末端打結後由不織布上方入針，由不織布的邊緣出針後，線繞過縫針。

2 邊緣等間隔地以釦眼繡的方式繡縫。

3 繼續繞線繡縫。

4 縫完一圈以後由開始繡縫的同一個位置入針到背面，將縫線打結，剪去多餘部分。

製作上方枝條的刺繡，作品完成。

串珠刺繡的基礎

金光閃閃的串珠與亮片可以為刺繡增添華麗光彩。
為了避免好不容易完成的串珠刺繡不小心勾到散開，下面介紹可以漂亮完成作品的技巧。

材料與用具

●串珠

串珠不管是尺寸大小、形狀、顏色皆種類豐富。材質有玻璃、
木頭、水晶、珍珠、天然石等等。同樣是玻璃材質，又有分有
光澤、無光澤、透明的，或是透明顏色的珠子內還有顏色的，
以及質感更高級的水晶等等。形狀有圓形、方形、六角形、勾
玉行等等，千變萬化。

圓形珠・小　外徑約2mm

圓形珠・大　外徑約3mm

竹節管珠
2分竹（6mm竹）

螺旋管珠
2 x 12mm

3cut 有孔玻璃珠
外徑約2～2.2mm

Delica 古董珠（圓形）
外徑約2.2mm

竹節管珠
1分竹（3mm竹）

施華洛世奇切割珠
外徑約6mm

左起
高等級珍珠
外徑約6mm
水滴型珍珠
6×9mm　8×14mm

木珠　5mm

這些各式各樣的串珠及配件，有些是以一為單位來販售，有的
則是放入袋子或塑膠盒中以公克為單位來販售，也有些是串
在線上販售等等，各有不同。本書中所使用的串珠皆為日本
MIYUKI 公司出品，所標記的號碼代表的是串珠的色號。號碼
前方的英文字母「DBS、DBC、SB」代表種類或形狀，DBS＝
Delica 古董珠（小），DBC＝Delica 古董珠（多角形），SB＝
四方珠等等。以上可以作為挑選時的參考。

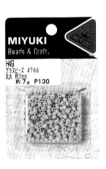

●亮片、水鑽、仿鑽

做串珠刺繡時經常搭配使用的配件，有亮片、水鑽、仿鑽。亮片的種類大致可區分為平面圓形、龜甲形，以及有星星、愛心等圖案的造型亮片，以及亮片的中央有線連著的帶狀亮片。創作時，自由進行搭配組合也是一大樂趣。想要運用這些材料在服裝上做刺繡時，也有可以乾洗的類型，可以依用途進行選擇。仿鑽與水鑽相比，背面尖起突出更有厚度，創作時在重點處使用華麗感會再升一等，效果絕佳。其他也有背面有貼紙，可以直接黏貼於布料上，或可以用黏膠黏貼的類型。

亮片
平面圓形

亮片
龜甲形

串珠提供／MIYUKI

造型亮片

水鑽
手縫專用（附爪鑲）

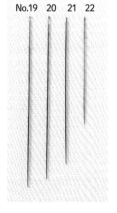

仿鑽
手縫專用（附爪鑲）

※皆有多種尺寸，請依據設計挑選合適的使用。

串珠使用的線與針

固定串珠及亮片時，可以使用 25 號刺繡線 1 股或縫紉機一般布料使用的 60 號線。針有串珠刺繡專用針。為了要能穿過串珠細小的孔洞，以及一次穿過多顆串珠，與其他針相比又細又長是其特徵。有時也可以使用較短的「四之三」手縫針。可以依據串珠的種類及用途，選擇順手的長度及粗細。準備時務必要確認是否可以通過串珠的孔洞。

（實物大小）

No.19 20 21 22

FUJIX Schappe
Spun 機縫線 60 號
（100% 化纖）

串珠專用針

四之三手縫針

【串珠的固定方式】

串珠的固定方式有數種，珠子一顆一顆固定的方式，一次連續固定數顆珠子的方式等等。運針方式與法式刺繡的回針繡與釘線繡相同。開始與結束時為了避免脫線，都要在背面打結再返針（返回一針）。為了避免伸用時串珠脫線散落，要確實固定。下面的解說為了容易理解，使用了與珠子不同顏色的線來固定。想要讓固定的線看來不明顯，可以使用與珠子同色系的線來固定。另外，如果是透明的珠了，使用不同顏色的線來固定，可以享受色彩微妙變化的樂趣。以上可以配合設計選用不同方法。

同樣的透明串珠改變縫線的顏色，便可以展現出多種不同的微妙色彩變化。

*起針／【返針】參照 1～3

串珠

返針（以釘線繡固定）

這是一次固定多顆串珠的方法。線通過珠子後，將渡線一小段一小段以釘線繡的方式慢慢往前固定。繼續往下串時，前面一批最後一顆珠子線要再穿過一次，才串下一批珠子。透過在同一個針孔出針與入針，而能將珠子沒有縫隙地確實固定。

1 線末端打結以後，由背面往前出針。

2 往背後刺入一針。

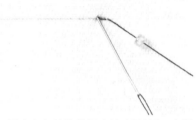

3 再次由起針的位置出針（返針），穿過一顆珠子之後往背面入針。

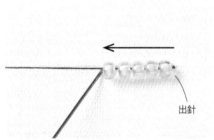

4 再一次穿過第一顆珠子，然後穿過可以覆蓋圖案 1~2cm 的多顆珠子，使其與圖案的線條對齊後，垂直入針到背面。

5 由前方起算，間隔 2~3 顆珠子，由珠子之間位置出針。

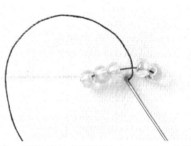

6 將渡線以釘線繡的方式固定。這時入針的位置與前一步驟出針的位置相同。

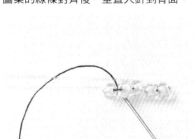

7 間隔 2~3 顆珠子以同樣方式固定。

8 最後一顆珠子針再穿過一次，然後再穿過下一批珠子。

9 重複步驟 **4～8** 固定串珠。步驟 **8** 因為先穿過前一批珠子的最後一顆，因此不會感覺有分界，可以連成漂亮的直線。圖案完成之後入針到背面打結收針。

回繡法（以回針繡固定）

這是以回針繡方式一顆珠子一顆珠子返回固定的方法。
用心讓珠子之間維持同樣距離地往前繡縫。在只需繡縫一顆珠子時也可以使用這個方法。

  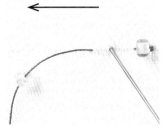 

1 以返針的步驟 **1～3** 固定第一顆珠子。而為了避免珠子鬆搖，要在等同珠子寬度的距離垂直入針。

2 由圖案的線上出針後穿過一顆珠子，以回針繡的方式往回入針。

3 出針的位置要讓珠子之間維持等距離，繼續向左繡縫。

4 繼續往前繡縫的樣子。由珠子的邊緣位置入針是讓珠子不會鬆搖，成品漂亮的關鍵。

面繡法（緞面繡）

以緞面繡方式用串珠填補一塊面積的方法。固定時要由圖案的中央往左右兩側填補。

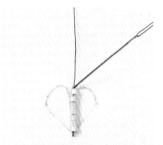   

1 以返針的步驟 **1～3** 做一返針，之後由圖案中央的邊緣出針，穿過珠子，刺入第一針。

2 與第一列之間不可有縫隙，且要能確實表現出圖案的輪廓線，一邊調整珠子的數量，繼續往右填補。

3 右半部填補好的樣子。這時確認一下線是否拉得太緊，串珠是否平整。

4 回到中央往左填補。

5 列與列之間沒有縫隙，珠子皆排列平整。

※ 要以串珠繡縫長度 1～1.5cm 時，可以用直針繡方式以一針固定。在針法介紹的頁面，以「直針繡」標記。

繡好以後如何收針

最後為了避免脫線，翻到背面做一個返針，然後打結收針。

1 繡好了以後，翻到背面做一個返針。

2 將線打結，留下 5mm 的線頭後剪去多餘的線。

竹節管珠

斜刺（輪廓繡）

以輪廓繡的方式斜向固定串珠的方法。固定時的要點在於，每穿過一顆管珠之後，縫線都要以包夾著底稿的線，由管珠寬度一半的位置出針，使管珠能以斜向重疊的方式一路固定。

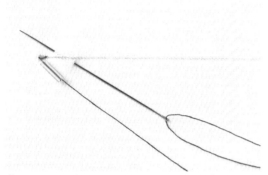

1 以返針的步驟 **1** ～ **3** 做一返針，之後穿過一竹節管珠，由線的下方往左斜上方勾縫出針。這時出針的位置要在管珠的一半位置左右。

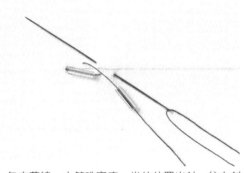

2 包夾著線，由管珠寬度一半的位置出針，往左斜上勾縫布料。

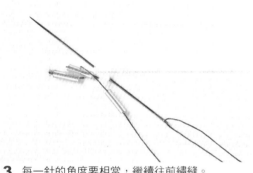

3 每一針的角度要相當，繼續往前繡縫。

4 前後兩顆管珠要有一半重疊，繼續往前繡縫。

亮片

亮片的固定方法有下列幾種。與串珠搭配一片一片固定法、亮片單側固定法、兩側固定法、十字固定法，以及連續重疊固定法等等。想要讓亮片不會鬆脫、漂亮的固定，在穿過亮片以後要盡可能由亮片的邊緣垂直入針。連續固定時，則要注意底稿線上的渡線是否呈現直線。起針與收針方法與串珠相同。起針時末端要打結，返針之後再開始繡縫。收針時要先做一返針，才在背面打結後剪線。

以串珠一片一片固定法

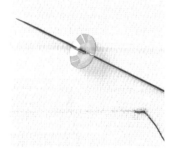

1 做好返針之後出針到正面，穿過一片亮片。

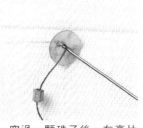

2 穿過一顆珠子後，在亮片孔洞的同樣位置入針。

3 將線拉緊，避免鬆搖。

4 固定下一組時，亮片之間的間隔要相當。

一次一片兩側固定法

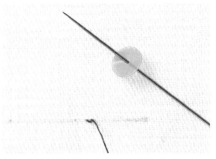

1 做好返針之後出針到正面，穿過一片亮片。

2 由亮片的邊緣入針。

3 由對側的線上位置出針。將線拉緊，避免鬆搖。

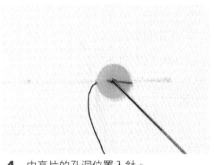

4 由亮片的孔洞位置入針。

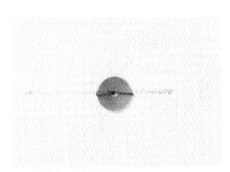

5 固定好一片的樣子。

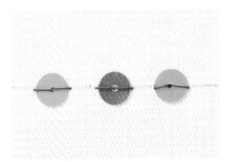

6 繼續固定時，要注意亮片之間的間隔要相當，且渡線是否是直線。

連續重疊固定法

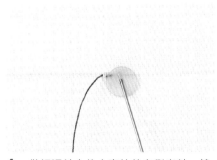

1 做好返針之後由亮片的左側出針，然後由亮片孔洞上方往下入針。

2 第二片亮片要能與第一片的半徑重疊，確認好位置以後（參考步驟 **4**），出針到正面。

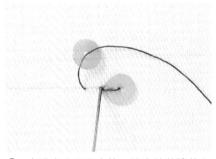

3 穿過亮片孔洞由第一片亮片的邊緣入針。

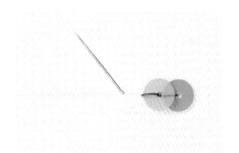

4 將線拉緊。亮片疊住第一片亮片的一半。

5 固定時要注意拉開間隔，讓第三片以後的亮片也都能疊著前一片亮片的一半。

＊刺繡之樂＊

手拿包

在織帶上做一些串珠刺繡再縫到包包上，原本簡單樸素的手拿包立刻華麗變身。

設計…朝山制子　作法…請參照 p.103

串珠提供／MIYUKI株式會社　布・緞帶提供／龜島商店

手拿包···照片 p.102

材料（1 個份量）

表布用麻布 （左）藏青色 （右）米色　22cm x 32cm
裏布用內裡棉布 （左）黑色 （右）米色　22cm x 32cm
織帶 （左）黃色 （右）黃綠色　2.5cm 寬　約 26cm
串珠
拉鍊　20cm　1 條
成品尺寸：請參照圖片

☆裁剪時需多留1cm作為縫份

表布
裏布 } 各1片

30cm

對摺線

20cm

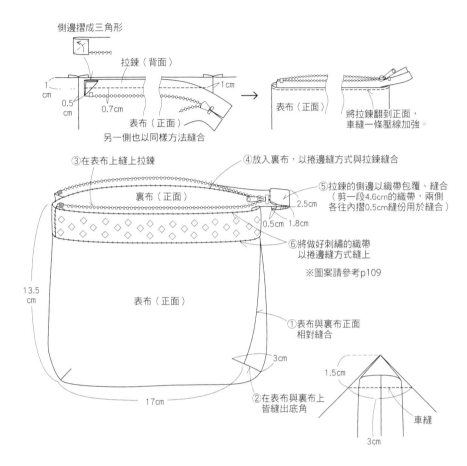

側邊摺成三角形

拉鍊（背面）

1cm

0.5cm
0.7cm

表布（正面）

另一側也以同樣方法縫合

1cm

表布（正面）

將拉鍊翻到正面，車縫一條壓線加強。

③在表布上縫上拉鍊

裏布（正面）

④放入裏布，以捲邊縫方式與拉鍊縫合

⑤拉鍊的側邊以織帶包覆、縫合
（剪一段4.6cm的織帶，兩側各往內摺0.5cm縫份用於縫合）

2.5cm

0.5cm　1.8cm

⑥將做好刺繡的織帶以捲邊縫方式縫上

※圖案請參考p109

13.5cm

表布（正面）

①表布與裏布正面相對縫合

3cm

②在表布與裏布上皆縫出底角

17cm

1.5cm

車縫

3cm

針插···照片 p.94

材料（1 個份量）

麻布　素面　24cm x 12cm
刺繡用緞帶
棉花　適量
成品尺寸：10 cm x 10cm

☆裁剪時需多留1cm作為縫份

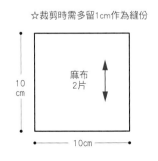

麻布
2片

10cm

10cm

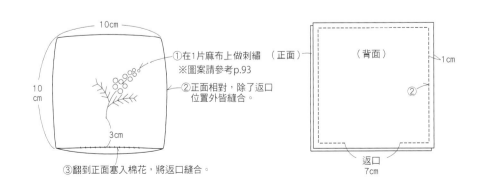

10cm

10cm

①在1片麻布上做刺繡 （正面）
※圖案請參考p.93

②正面相對，除了返口位置外皆縫合。

3cm

③翻到正面塞入棉花，將返口縫合。

（背面）

1cm

②

返口
7cm

各種方形圖案

設計⋯朝山制子　刺繡作法⋯請參照 p.105
串珠提供／MIYUKI　布提供／DMC

・布使用DMC Aida 18 Count布
・串珠使用MIYUKI產品，若無特別指定，一次1顆串珠以回針繡方式固定。
・（　）內指的是DMC 25號繡線的色號，若無特別指定皆以2股繡線。

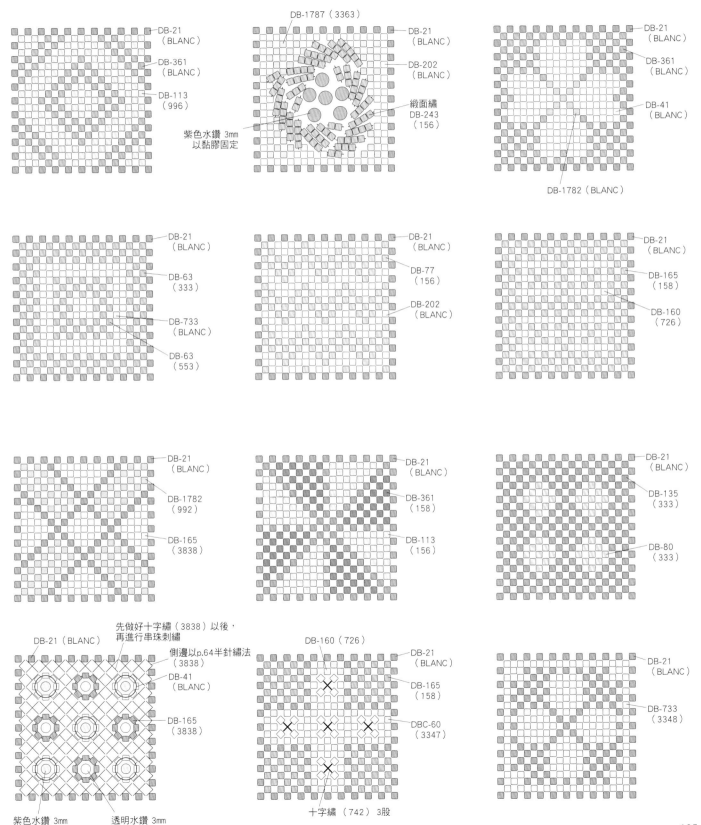

DB-1787（3363）
DB-21（BLANC）
DB-361（BLANC）
DB-113（996）
DB-202（BLANC）
緞面繡
DB-243（156）
紫色水鑽 3mm 以黏膠固定
DB-21（BLANC）
DB-361（BLANC）
DB-41（BLANC）
DB-1782（BLANC）

DB-21（BLANC）
DB-63（333）
DB-733（BLANC）
DB-63（553）
DB-21（BLANC）
DB-77（156）
DB-202（BLANC）
DB-21（BLANC）
DB-165（158）
DB-160（726）

DB-21（BLANC）
DB-1782（992）
DB-165（3838）
DB-21（BLANC）
DB-361（158）
DB-113（156）
DB-21（BLANC）
DB-135（333）
DB-80（333）

DB-21（BLANC）
先做好十字繡（3838）以後，再進行串珠刺繡
側邊以p.64半針繡法（3838）
DB-41（BLANC）
DB-165（3838）
紫色水鑽 3mm　　透明水鑽 3mm
以黏膠固定

DB-160（726）
DB-21（BLANC）
DB-165（158）
DBC-60（3347）
十字繡（742）3股

DB-21（BLANC）
DB-733（3348）

105

胸針風格的經典款圖案

設計⋯笹尾多惠　刺繡作法⋯請參照 p.107
串珠提供／MIYUKI

•串珠使用MIYUKI產品，若無特別指定，一次1顆串珠以回針繡方式固定。

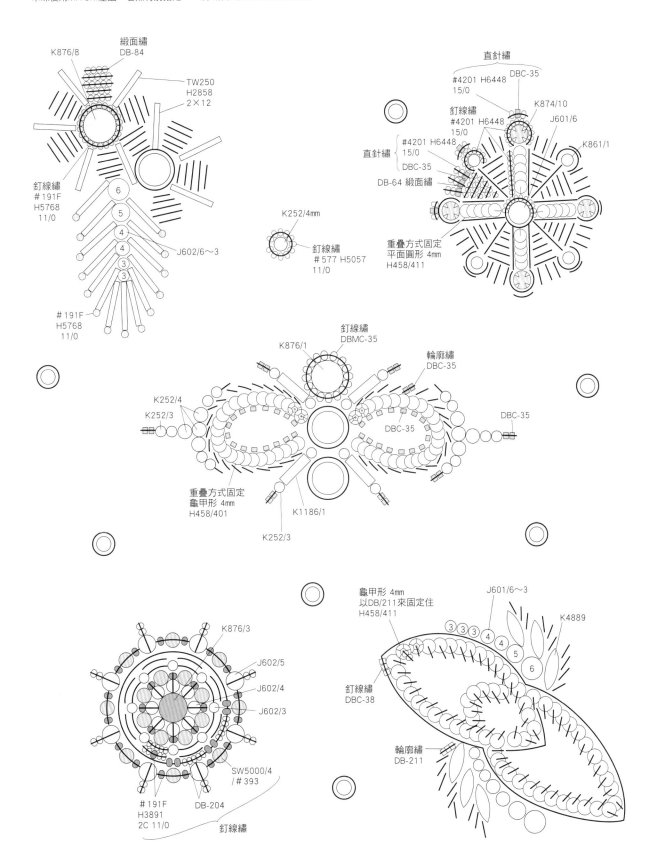

K876/8
緞面繡
DB-84

TW250
H2858
2×12

釘線繡
#191F
H5768
11/0

6
5
4
4
3
3

J602/6～3

#191F
H5768
11/0

K252/4mm

釘線繡
#577 H5057
11/0

直針繡

#4201 H6448
15/0
DBC-35

K874/10

J601/6

釘線繡
#4201 H6448
15/0

K861/1

直針繡
#4201 H6448
15/0
DBC-35

DB-64 緞面繡

重疊方式固定
平面圓形 4mm
H458/411

釘線繡
DBMC-35

K876/1

輪廓繡
DBC-35

K252/4

K252/3

DBC-35

DBC-35

重疊方式固定
龜甲形 4mm
H458/401

K1186/1

K252/3

K876/3

J602/5

J602/4

J602/3

SW5000/4
/#393

#191F
H3891
2C 11/0

DB-204

釘線繡

龜甲形 4mm
以DB/211來固定住
H458/411

J601/6～3

K4889

3 3 3
4 4
5
6

釘線繡
DBC-38

輪廓繡
DB-211

107

織帶連續圖案

設計…朝山制子　刺繡作法…請參照p.109
串珠提供／MIYUKI　織帶提供／龜島商店

・串珠使用MIYUKI產品
・（　）內指的是DMC 25號繡線的色號，若無特別指定皆以2股繡線。

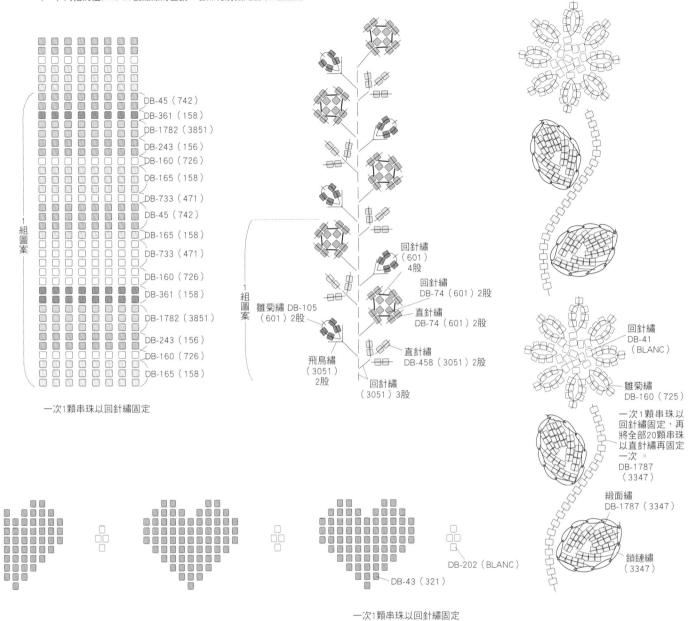

DB-45（742）
DB-361（158）
DB-1782（3851）
DB-243（156）
DB-160（726）
DB-165（158）
DB-733（471）
DB-45（742）
DB-165（158）
DB-733（471）
DB-160（726）
DB-361（158）
DB-1782（3851）
DB-243（156）
DB-160（726）
DB-165（158）

1組圖案

一次1顆串珠以回針繡固定

1組圖案

回針繡
（601）
4股
回針繡
DB-74（601）2股
直針繡
DB-74（601）2股
雛菊繡 DB-105
（601）2股
直針繡
DB-458（3051）2股
飛鳥繡
（3051）
2股
回針繡
（3051）3股

回針繡
DB-41
（BLANC）
雛菊繡
DB-160（725）
一次1顆串珠以
回針繡固定，再
將全部20顆串珠
以直針繡再固定
一次。
DB-1787
（3347）
緞面繡
DB-1787（3347）
鎖鏈繡
（3347）

DB-202（BLANC）
DB-43（321）

一次1顆串珠以回針繡固定

DB-60（3363）
DB-63（333）
DB-65（725）

一次1顆串珠以回針繡固定

直針繡
DB-202
（BLANC）
回針繡
DB-160
（BLANC）
回針繡
DB-77
（BLANC）

1組圖案

109

本書收錄之刺繡作法名稱查找，依首字英文字母先後排序。

刺繡作法 INDEX

B

Back Stitch 回針繡 ·················· p.12

Back Stitch 回針繡（回繡法）·········· p.99

Basket filling 籃網編繡 ············· p.87

Bullion daisy Stitch 雛菊捲線繡 ······· p.16

Bullion rose Stitch 玫瑰捲線繡 ········ p.16

Bullion Stitch 捲線繡 ··············· p.16

Buttonhole Stitch 釦眼繡 ·········· p.17、81

C

Ceylon Stitch 錫蘭繡 ·············· p.80

Chain Stitch 鎖鏈繡 ··············· p.15

Chain Filling 鎖鏈繡填滿 ············ p.15

Couching Stitch 釘線繡 ············· p.13

Couching Stitch 釘線繡（返針用）······· p.98

Cross Stitch 十字繡 ················ p.62

Closed herringbone Stitch 閉口人字繡 ····· p.15

Coral Stitch 珊瑚繡 ················ p.13

Corded buttonhole Stitch 包芯釦眼繡 ······ p.81

Corded Satin Stitch 包芯緞面繡 ········ p.15

D

Double Cross Stitch 雙十字繡 ·········· p.62

Double lazy daisy Stitch 雙雛菊繡 ········ p.14

F

Feather Stitch 羽毛繡 ··············· p.14

Fly Stitch 飛鳥繡 ············· p.13、86

French Knot 法式結粒繡 ·········· p.14、86

H

Herringbone Stitch 人字繡 ·········· p.15、86

Holbein Stitch 半針繡 ··············· p.64

L

Lazy daisy Stitch 雛菊繡 ·········· p.14、86

Leaf Stitch 葉形繡 ················· p.17

Long and short Stitch 長短針繡 ········ p.16、87

O

Outline Stitch 輪廓繡 ············· p.12、85

Outline Stitch 輪廓繡（斜刺）············ p.100

R

Raised buttonhole Stitch 立體釦眼繡 ········ p.79

Raised chain Stitch 立體鎖鏈繡 ·········· p.79

Raised darning Stitch 立體織補 ·········· p.78

Raised french knot 立體法式結粒繡 ········ p.80

Raised leaf Stitch 立體葉形繡 ·········· p.78

Raised outline Stitch 立體輪廓繡 ········· p.79

Running Stitch 平針繡 ·············· p.12

S

Satin Stitch 緞面繡 ·············· p.15、85

Satin Stitch 緞面繡（面繡法）·········· p.99

Spider web rose Stitch 蛛網玫瑰繡······ p.17、87

Straight Stitch 直針繡 ············· p.12、85

T

Taft Stitch 塔夫德繡 ·· p.87

Twisted chain Stitch 扭轉鎖鏈繡 ·············· p.15

W

Wheel Stitch 車輪繡 ··· p.17

Z

Zigzag Stitch 鋸齒繡 ·· p.13

本書收錄之成品及圖案查找，依頁數先後排序。

成品及圖案　INDEX

p.18 ··· 書套

p.19 ····································· 茶壺保溫罩＆茶墊

p.22 ································· 四季之花　春

p.23 ································· 四季之花　夏

p.26 ································· 四季之朵　秋

p.27 ································· 四季之朵　冬

p.30 ··· 刺繡框畫

p.31 ··· 手帕

p.32 ·· 小鳥

p.34 ·· 動物

p.35 ··· 可愛的孩子們

p.38 ·· 美好時光

p.40 ·· 英文字母

p.41 ·· 平假名

p.44 ························· 以刺繡做記號　水果圖樣的名牌

p.45 ································· 午餐袋＆水壺袋

p.48 ·· 各國國旗

p.50 ·································· 各種喜愛的隨身配件

p.51 ·································· 隨身小束口袋

p.54 ······························· Yuzuko 的插圖刺繡

p.54 ··· 甜點

p.56 ··· 聖誕花圈

p.58 ··· 可愛紙膠帶

p.65 ··· 卡片

p.66 ·· 聖誕節

p.68 ·································· 愛麗絲夢遊仙境

p.70 ·································· 單色系連續動物刺繡

p.72 ·· 薔薇

p.73 ··· 各種蕈菇

p.76 ·································· 十字繡英文字母

p.82 ·································· 各種立體的植物主題

p.88 ·································· 庭院裡的花兒們　I

p.90 ·································· 庭院裡的花兒們　II

p.92 ················· 嬌憐的花兒們　香草・菫花・紫丁香

p.94 ·· 針插

p.102 ··· 手拿包

p.104 ·································· 各種方形圖案

p.106 ·························· 胸針風格的經典款圖案

p.108 ·································· 織帶連續圖案

STAFF

書籍設計	堀江京子（netz.inc）
作品設計	朝山制子　大澤典子
	オノエ・メグミ　こむらたのりこ
	笹尾多恵　西須久子
製作協力	柴田理恵子　夕紀子
插畫	Yuzuko
攝影	渡辺淑克（封面、P.1～3、18、19、30、
	31、45、51、65、94、102）
	中辻 渉
造型	大原久美子
線稿	大楽里美（day studio）
編輯製作	佐藤周子（リトルバード）
企劃編輯	成美堂出版編輯部（端 香里　小沢由紀）

※ 本書刊載之布料、用具及材料會因市場性而有變動，
　可依個人喜好適時變更。

攝影協力

株式会社 越前屋
〒104-0031　東京都中央区京橋1-1-6
Tel.03-3281-4911
http://www.echizen-ya.net

株式会社亀島商店
〒542-0081　大阪府大阪市中央区南船場3-12-9
心斎橋プラザビル東館3階
Tel.06-6245-2000
http://www.kameshima.co.jp

クロバー株式会社
〒537-0025　大阪府大阪市東成区中道3-15-5
Tel.06-6978-2277（お客様係）
http://www.clover.co.jp

ディー・エム・シー株式会社
〒101-0035
東京都千代田区神田紺屋町13番地　山東ビル7F
Tel.03-5296-7831
http://www.dmc-kk.com

MOKUBA
〒111-8518　東京都台東区蔵前4-16-8
Tel.03-3864-1408

株式会社MIYUKI
〒720-0001
広島県福山市御幸町上岩成749番
Tel.084-972-4747
http://www.miyuki-beads.co.jp